Master of Business Administration

人力資源管理

現代科學管理要求主管必須善於區分具有不同才能和素質的人。

永續圖書線上購物網　讀品文化事業有限公司

www.foreverbooks.com.tw　yungjiuh@ms45.hinet.net

無限系列 03

人力資源管理

編　　譯　讀品企研所
出 版 者　讀品文化事業有限公司
責任編輯　陳柏宇
封面設計　姚恩涵
內文排版　王國卿

總 經 銷　永續圖書有限公司
TEL ／(02)86473663
FAX ／(02)86473660
劃撥帳號　18669219
地　　址　22103 新北市汐止區大同路三段 194 號 9 樓之 1
TEL ／(02)86473663
FAX ／(02)86473660
出 版 日　2018 年 02 月

法律顧問　方圓法律事務所　涂成樞律師
CVS 代理　美璟文化有限公司
TEL ／(02)27239968
FAX ／(02)27239668

國家圖書館出版品預行編目資料

人力資源管理／讀品企研所編譯.
--初版. --新北市 ：讀品文化, 民 107.02
面； 公分. -- （無限系列：03）
菁英培訓版
ISBN 978-986-453-068-7 (平裝)
1. 人力資源管理
494.3　107000181

前言

本書特色：

一、淡化理論和公式，注重實用技巧

內文具有務實性、實踐性和操作性。本書目的並不在於培養「學院派」的經營管理者，而是培養能學以致用，崇尚踏實，真正能在工商經濟領域領導一個企業或其他組織機構的中高層經營管理者。秉持這種精神，本書沒有大量深奧的理論和複雜的公式，而是講述典型案例和實用技巧。

書中要講述的主要內容是真正的「管理」，而不是「管理學」；在分析研究案例的基礎上，找到普遍性的規律，以得到概念、原理和問題的解決，它的目的不是培養知識型的「管理碩士」，而是注重造就「職業老闆」。

在講述方法和理論的時候，力求精、透，而不追求面面俱到。

二、通俗易懂，可讀性強

書中儘量避免用那些比較專業和不容易理解的詞語；在選用案例的時候，也儘可能地用故事性代替專業性，用簡短、淺顯但典型的案例代替冗長、複雜甚至晦澀的案例。

這是一本幫你成功的實用參考書。書中闡述的精華要點，是成為人力資源管理高手所必備的成功基礎知識。它既是社會各界掌握工商管理高級技能的通俗性文獻，又是攻讀的輔助性教材，同時也是的簡明自修讀本。

必須強調：一個合格稱職的人才絕不該只會死讀書本知識，而是應該在實踐中提高運用理論知識獨立分析和解決問題的能力。

目錄

談積極招募人才，奠定發展基礎

第二章　科學配備人才，保持企業高效能

第三章 建立科學的考評制度

第四章　用先進的科學經驗管理員工

第五章　瞭解員工行為動機，激發人力資源的潛能

第六章 進行有效溝通，引導員工為企業目標服務

注重人才養成和培訓

MEMO

第一章

積極招募人才，奠定發展基礎

第一節 確定人才供需狀況，制定適宜的人力資源計劃

一、企業的人力資源計劃不能與企業的發展計劃相背離

企業之間的競爭歸根究底是人才的競爭，在市場經濟的環境中，企業的發展往往與一些高素質的人才密切相關。認識到了人才的重要性，就要設法應徵到高素質的人才，為此，首先必須從制定人力資源計劃開始。

人力資源計劃是指根據企業的發展規劃，透過企業未來的人力資源的需求和供給狀況的分析及估計、對職務編制、人員配置、教育培訓、人力資源管理政策、招考和選擇等內容進行的人力資源部門的職能性計劃。

計劃根據時間的長短不同，可分為長期計劃、中期計劃、年度計劃和短期計劃四種。長期計劃適合於大型企業，往往是五年至十年的規劃；中期計劃適合於大型、中型企業，一般的期限是二年至五年；年度計劃適合於所有的企業，它每年進行一次，常常是企業的年度發展計劃的一部分。短期計劃適用於短期內企業人力資源變動加劇的情況，是一種應急計劃。

人力資源計劃處於整個人力資源管理活動的統籌階段，它為下一步整個人力資源管理活動制定了目標、原則和方法。人力資源計劃的可靠性直接關係著人力資源管理工作整體的成敗。所以，制定好人力資源計劃是企業人力資源管理部門的一項非常重要和有意義的工作。

需注意的是，人力資源計劃與企業發展計劃密切相關，它是達成企業發展目標的一個重要部分。企業的人力資源計劃不能與企業的發展計劃相背離。

二、職務分析是人力資源管理最基本的要件

☑職務分析的含義

「職務分析」也稱為「工作分析」，簡單來說，職務分析就是要透過一系列科學的方法，把職位的工作內容和職位對員工的素質要求弄明白。專業的描述是這樣的：職務分析是指透過觀察和研究，確定關於某種特定的性質及確切情報和（向上級）報

告的一種程式。

人事心理學家從人力資源管理的角度出發，提出了六WIH職務分析公式，從七個方面對職務進行分析：

Who：誰來完成這項職務？

What：這項職務具體做什麼事情？

When：職務時間的安排？

Where：職務地點在哪裡？

Why：為什麼要安排這項職務？

For Who：他在為誰服務？

How：他是如何認定職務的？

☑職務分析的意義

職務分析是人力資源管理的最基本的工具。職務分析的最終成果是產生兩個要件，職務描述和職務資格要求。職務描述規定了對「事」的要求，如任務、責任、職責等等；職務資格要求規定了對「人」的要求，如知識、技術、能力、職業素質等等。人力資源部門應透過職務說明和職務資格要求來指導人力資源管理職務。具體來說，職務分析有如下幾個方面的意義：

(1)招考。為應徵者提供了真實、可靠的需求職位的工作職責、工作內容、工作要求和人員的資格要求。

(2)選擇。為選拔應徵者提供了客觀的選擇依據，提高了選擇的可信度和有效度，降低了人力資源選擇成本。

(3)績效考評。為績效考評標準的建立和考評的實施提供了依據，使員工明確了企業對其工作的要求目標，進而減少了因考評引起的員工衝突。

(4)薪資管理。明確了工作的價值，為薪資的發放提供了可參考的標準，保證了薪資的公平，減少了員工間的不公平感。

(5)管理關係。明確了上級與下級的隸屬關係，清楚了工作流程，為提高職務效率提供了保障。

(6)員工發展。使員工清楚了工作的發展方向，便於員工制定自己的職業發展計劃。

☑掌握好職務分析的時機

(1)企業新成立的時候：對於新成立的企業要進行職務分析，這樣可以為後續的人力資源管理工作打下基礎。企業新成立時，職務分析最迫切的用途是在人員招考方面。

因為很多職位還是空缺，所以職務分析應該透過企業的組織結構、經營發展計劃等訊息來進行，制定一個粗略的職務分析。職務分析的結果只要滿足能夠提供招考人員的「職位職責」和「任職資格」即可。更為詳細的職務分析可以在企業穩定運作一段時間之後進行。

(2)當職位有變動時：當職位的工作內容等因素有所變動時，應該對該職位的變動部分重新進行職務分析。職位變動一般包括職責變更、職位訊息的輸入或輸出變更、對職位人員任職資格要求變更等等。在職位變更時，要及時進行職務分析，以保證職務分析成果訊息的有效性和準確性。要注意的是，在職位變動時，往往並不是一個職位發生改變，而是與之相關聯的其他職位也會發生相應的改變。在進行職務分析時，一定要注意上述問題，不能漏掉任何一個職位，否則很可能會使職務分析出現矛盾的結果。

(3)企業沒有進行過職務分析：有些企業已經存在了很長時間，但由於一直沒有人力資源部，或者人力資源部人員工作繁忙，所以一直沒有進行職務分析。這些企業應該及時進行職務分析。特別是對於新上任的人事經理，有時會發現企業的人事工作一團糟，根本無法理出頭緒，這時就應該考慮從職務分析來切入工作。

☑職務分析的方法

(1)觀察法。觀察法是指職務分析人員透過對員工正常工作的狀態進行觀察，獲取工作訊息，並透過對訊息進行比較、分析、匯總等方式，得知職務分析成果的方法。觀察法適用於對體力工作者和事務性工作者，如搬運員、操作員、祕書等職位。

由於不同的觀察物件工作週期和工作突發性有所不同，所以觀察法具體可分為直接觀察法、階段觀察法和工作表演法。

直接觀察法。職務分析人員直接對員工工作的全過程進行觀察。直接觀察適用於工作週期很短的職務。如清潔員，他的工作基本上是以一天為一個週期，職務分析人員可以一整天跟隨著清潔員進行直接工作觀察。

階段觀察法。有些員工的工作具有較長的週期性，為了能完整地觀察到員工的所有工作，必須分階段進行觀察。比如行政人員，他需要在每年年終時籌備企業總結表揚大會。職務分析人員就必須在年終時再對該職務進行觀察。有時因分階段拉距太長，職務分析工作無法拖延很長時間，這時採用「工作表演法」更為合適。

工作表演法。對於工作週期很長和突發性事件較多的工作比較適合。如保安工作，除了有正常的工作程式以外，還有很多突發事件需要處理，如盤問可疑人員等，職務分析人員可以讓保安人員表演盤問的過程，來進行該項工作的觀察。

在使用觀察法時，職務分析人員應事先準備好觀察表格，以便隨時進行記錄。條件好的企業，可以使用攝影機等設備，將員工的工作內容記錄下來，以便進行分析。另外要注意的是，有些觀察的工作行為要有代表性，並且儘量不要引起被觀察者的注意，更不能干擾被觀察者的工作。

(2)問卷調查法。職務分析人員首先要擬訂一套切實可行、內容豐富的問卷，然後由員工進行填寫。問卷法適用於腦力工作者、管理工作者或工作不確定因素很大的員工，比如軟體設計人員、行政經理等。問卷法比觀察法更便於統計和分析。要注意的是，調查問卷的設計直接關係著問卷調查的成敗，所以問卷一定要設計得完整、科學、合理。企業可以根據自己的實際情況，來制定職務分析問卷，這樣效果可能會更好些。

問卷調查法一般採用的步驟和要領是：

◇事先需徵得抽樣員工直屬上司的同意與支持。
◇為抽樣員工提供安靜的場所和充裕的時間。
◇向抽樣員工講解職務分析的意義，並說明填寫問卷調查表的注意事項。
◇鼓勵抽樣員工真實客觀地填寫問卷調查表，不要對表中填寫的任何內容產生顧慮。

◇職務分析人員隨時解答抽樣員工填寫問卷時提出的問題。

◇抽樣員工填寫完畢後，職務分析人員要認真地進行檢查，查看是否有漏填、誤填的現象。

◇如果對問卷填寫有疑問，職務分析人員應該立即向抽樣員工進行查詢。

◇問卷填寫準確無誤後，完成訊息收集任務，向抽樣員工致謝。

(3)面談法。也稱採訪法，它是透過職務分析人員與員工面對面的談話來收集工作資料的方法。在面談之前，職務分析人員應該準備好面談問題提綱，一般在面談時能夠按照預定的計劃進行。面談法對職務分析人員的語言表達能力和邏輯思維能力有較高的要求。職務分析人員要能夠控制住談話的局面，既要防止談話離題，又要使談話對象能夠無所顧忌地侃侃而談。職務分析人員要及時準確的做好談話記錄，並且避免使談話對象對記錄產生顧忌。面談法適合於腦力職務者，如開發人員、設計人員、高層管理人員等。

面談法的一些標準，它們是：

◇所提問題要和職務分析的目的有關。

◇職務分析人員語言表達要清楚、含意準確。

◇所提問題必須清晰、明確，不能太含蓄。

◇所提問題和談話內容不能超出被訪談人的知識和訊息範圍。

◇所提問題和談話內容不能引起被訪談人的不滿，或涉及被訪談人的隱私。

面談法的一般步驟和要領是：

◇事先需徵得抽樣員工直屬上司的同意與支持。

◇在無人打擾的環境中進行面談。

◇向抽樣員工講解職務分析的意義，並介紹面談的大體內容。

◇營造輕鬆的氣氛，使抽樣員工暢所鉅言；為了消除抽樣員工的緊張情緒，職務分析人員可以以輕鬆的話題開始。

◇鼓勵抽樣員工真實、客觀地回答問題，不必對面談的內容產生顧忌。

◇職務分析人員按照面談提綱的順序，由淺至深地進行提問；

◇注意把握面談的內容，防止抽樣員工離題。

◇在不影響抽樣員工談話的前提下，進行談話記錄。

◇在面談結束時，應該讓面談員工查看並認可談話記錄。

◇面談記錄確認無誤後，完成訊息收集，並向員工致謝。

三、保證人力資源的供需平衡

☑人力資源需求預測的一般步驟

人力資源需求預測分為現實人力資源需求、未來人力資源需求和未來流失人力資源需求預測三部分。具體步驟如下：

(1)根據職務分析的結果，來確定職務編制和人員配置。

(2)進行人力資源盤點，統計出人員的缺編、超編及是否符合職務資格要求。

(3)將上述統計結果與部門管理者進行研討，並修正統計結論。

(4)該統計結論即為現實人力資源需求。

(5)根據企業發展規劃，確定各部門的工作量。

(6)根據工作量的增長情況，確定各部門還需增加的職務及人數，並進行匯總統計；該統計結論即為未來人力資源需求。

(7)對預測期內退休的人員進行統計。

(8)根據以往資料，對未來可能發生的離職情況進行預測。

(9)將(7)、(8)統計和預測結果進行匯總，計算出未來流失人力資源需求。

⑽將現實人力資源需求、未來人力資源需求和未來流失人力資源需求匯總，即得企業整體人力資源需求預測。

☑人力資源供給預測的一般方法

公司人力供給預測是為了滿足公司對人力的需求，對將來某個時期內，公司從組織內部和組織外部所能得到的人力數量和品質進行預測。

人力供給預測一般包括以下五個內容：

⑴分析公司目前的人力狀況，包括公司人力的部門分佈、技術知識水準、年齡構成等，瞭解和把握公司人力的現狀。

⑵分析目前公司人力流動情況及其原因，預測將來人力流動的態勢，進而採取相應措施避免不必要的流動，或及時補充人力。

⑶掌握公司員工提拔和內部調動情況，確保工作和職務的連續性。

⑷分析工作條件（如作息制度、輪班制度等）的改變和出勤率的變動，對人力供給的影響。

⑸掌握公司人才的來源和管道，人才可源於公司內部（如安排適當人才，發揮人才潛力等），也可以來自公司外部。

預測公司人才供給，還必須把握影響人才供給的主要因素，進而瞭解公司人才供給的基本狀況。影響人才供給的因素可以分為兩大類：

(1)地區性因素——其中具體包括八個方面：公司所在地和附近地區的人口密度；公司當地的就業水準、就業觀念；公司當地的科技文化教育水準；公司所在地對人才的吸引力；公司本身對人才的吸引力；其他公司對人才的需求狀況；公司當地人才的供給狀況；公司當地的住房、交通、生活條件。

(2)全國性因素——其中具體包括五項內容：全國勞動人口的增長趨勢；全國對各類人才的需求程度；全國各級學校的畢業生規模與結構；教育制度變革而產生的影響，改變學制、改革教學內容等對人才供給的影響；國家就業法規及機會、政策的影響。

在企業的營運過程中，企業始終處於人力資源的供需失衡狀態。在企業擴張時期，企業人力資源需求旺盛，人力資源供給不足，人力資源部門用大部分時間進行人員的應徵和選拔；在企業穩定時期，企業人力資源在表面上可能會達到穩定，但企業局部仍然同時存在著退休、離職、晉升、降職、補充空缺、不勝任崗位、職務調整等情況，企業仍處於結構性失衡狀態；在企業衰敗時期，企業人力資源總量過剩，人力資源部門需要制定裁員、解僱等政策。

總之，在整個企業的發展過程中，企業的人力資源狀況始終不可能自然地處於平衡狀態。人力資源部門的重要工作之一就是不斷的調整人力資源結構，使企業的人力資源始終處於供需平衡狀態。只有這樣，才能有效地提高人力資源利用率，降低企業人力資源成本。

企業的人力資源供需調整分為人力缺乏調整和人力過剩調整兩部分。

☑人力缺乏調整方法

(1)外部招考。外部招考是最常用的人力缺乏調整方法，當人力資源總量缺乏時，採用此種方法比較有效。但如果企業有內部調整、內部晉升等計劃，則應該先實施這些計劃，將外部招考放在最後使用。

(2)內部招考。內部招考是指當企業出現職務空缺時，優先由企業內部員工調整到該職務的方法。它的優點首先是豐富了員工的工作，提高了員工的工作興趣和積極性；其次，它還節省了外部招考成本。利用「內部招考」的方式可以有效的實施內部調整計劃。在人力資源部發佈招考需求時，先在企業內部發佈，歡迎企業內部員工積極應考，任職資格要求和選擇程式和外部招考相同。當企業內部員工應聘成功後，對員工的職務進行正式調整，員工空出的職位還可以繼續進行內部招考。當內部招考無人能勝任時，再進行外部招考。

(3)內部晉升。當較高層次的職務出現空缺時，優先提拔企業內部的員工。在許多企業裡，內部晉升是員工職業生涯規劃的重要內容。對員工的提升是對員工工作的肯定，也是對員工的激勵。因為在內部員工更加瞭解企業的情況，會比外部招考人員更快地適應工作環境，提高工作效率，同時也節省了外部招考成本。

(4)繼任計劃。繼任計劃在國外比較流行。具體做法是：人力資源部門對企業的每位管理人員進行詳細地調查，並與決策組確定哪些人有權利升遷到更高層次的位置，然後制定相應的「職業計劃儲備組織評價圖」，列出職位可以替換的人選。當然上述的所有內容均屬於企業的機密。

(5)技能培訓。對公司現有員工進行必要的技能培訓，使之不僅能適應當前的工作，還能適應更高層次的工作。這樣，就能為內部晉升政策的有效實施提供了保障。如果企業即將出現經營轉型，企業應該及時向員工培訓新的工作知識和工作技能，以保證企業在轉型後，原有的員工能夠符合職務任職資格的要求。這樣做的最大好處是防止了企業的冗員現象。

☑人力過剩調整方法

(1)提前退休。企業可以適當的放寬退休的年齡和條件限制，促使更多的員工提前退休。如果將退休的條件修改得足夠有吸引力，會有更多的員工願意接受提前退休。

(2)減少人員補充。當出現員工退休、離職等情況時，對空閒的職位不進行人員補充。

(3)增加無薪假期。當企業出現短期人力過剩的情況時，採取增加無薪假期的方法比較適合。比如規定員工有一個月的無薪假期，在這一個月沒有薪水，但下個月可以照常上班。

(4)裁員。裁員是一種最無奈，但卻是最有效的方式。裁員時，首先要制定優厚的裁員政策，比如為被裁減者發放優厚的失業金等等，然後，裁減那些主動希望離職的員工；最後，裁減工作考評成績低下的員工。

四、制定人力資源計劃的方法

☑人力資源計劃的原則

在制定人力資源計劃時，要注意以下三點原則：

(1)充分考慮內部、外部環境的變化——人力資源計劃只有充分地考慮了內外環境的變化，才能適應企業發展的需要，真正的做到為企業發展目標服務。內部變化主要是指銷售的變化、開發的變化，或者企業發展策略的變化，還有公司員工流動的變化等等。外部變化是指消費市場的變化、政府有關人力資源政策的變化、人才市場的供需矛盾的變化等等。

為了能夠更好地適應這些變化，在人力資源計劃中應該對可能出現的情況做出預測和風險分析，最好能有面對風險的應對策略。

⑵確保企業的人力資源保障——企業的人力資源保障問題是人力資源計劃中應解決的核心問題。它包括人員的流入預測、流出預測、人員的內部流動預測、社會人力資源供給狀況分析、人員流動的損益分析等。只有有效地保證了對企業的人力資源供給，才可能去進行更深層次的人力資源管理與開發。

⑶使企業和員工都得到長期的利益——人力資源計劃不僅是面向企業的計劃，也是面向員工的計劃。企業的發展和員工的發展是互相依託、互相促進的關係。如果只考慮企業的發展需要，而忽視了員工的發展，則會有損企業發展目標的達成。優秀的人力資源計劃，一定是能夠使企業和員工得到長期利益的計劃，一定是能夠使企業和員工共同發展的計劃。

☑人力資源計劃的內容

從內容的性質上來說，企業的人力資源計劃可以分為戰略計劃和策略計劃。戰略計劃闡述了人力資源管理的原則和目標；策略計劃則重點強調了具體每項工作的實施計劃和操作步驟。一個完整的人力資源計劃應該包括以下幾個方面：

(1)總計劃。人力資源總計劃闡述了人力資源計劃的總原則、總方針和總目標。

(2)職務編制計劃。職務編制計劃闡述了企業的組織結構、職務設置、職務描述和職務資格要求等內容。

(3)人員配置計劃。人員配置計劃闡述了企業每個職務的人員數量，人員的職務變動，職務人員空缺數量等。

(4)人員需求計劃。透過總計劃、職務編制計劃、人員配置計劃可以得出人員需求計劃。需求計劃中應闡明需求的職務名稱、人員數量、希望到職時間等。

(5)人員供給計劃。人員供給計劃是人員需求計劃的對策性計劃。主要闡述了人員供給的方式（外部招考、內部招考等）、人員內部流動政策、人員外部流動政策、人員獲取途徑和獲取實施計劃等。

(6)教育培訓計劃。包括了教育培訓需求、培訓內容、培訓形式、培訓考核等內容。

(7)人力資源管理政策調整計劃。計劃中明確計劃期內的人力資源政策的調整原因、調整步驟和調整範圍等。

(8)投資預算。上述各項計劃的費用預算。

☑編寫人力資源計劃的一般步驟

由於各企業的具體情況不同，所以編寫人力資源計劃的步驟也不盡相同。

以下是編寫人力資源計劃的典型步驟：

(1)制定職務編制計劃。根據企業發展規劃，結合職務分析報告的內容，來制定職務編制計劃。職務編制計劃闡述了企業的組織結構、職務設置、職務描述和職務資格要求等內容。制定職務編制計劃的目的是描述企業未來的組織職能規模和模式。

(2)制定人員配置計劃。根據企業發展規劃，結合企業人力資源盤點報告，來制定人員配置計劃。人員配置計劃闡述了企業每個職務的人員數量，人員的職務變動，職務人員空缺數量等。制定人員配置計劃的目的是描述企業未來的人員數量和素質構成。

(3)預測人員需求。根據職務編制計劃和人員配置計劃，使用預測方法，來預測人員需求預測。人員需求中應闡明需求的職務名稱、人員數量、希望到職時間等。最好形成一個標明有員工數量、招考成本、技能要求、工作類別，及為完成組織目標所需的管理人員數量和層次的分清單。

實際上，預測人員需求是整個人力資源規劃中最困難和最重要的部分。因為它要求富有創造性、高度參與的方法處理未來經營和技術上的不確定性問題。

(4)確定人員供給計劃。人員供給計劃是人員需求的對策性計劃。主要闡述人員供給的方式（外部招考、內部招考等）、人員內部流動政策、人員外部流動政策、人員獲取途徑和獲取實施計劃等。

透過分析勞動力過去的人數、組織結構和構成以及人員流動、年齡變化和錄用等資料，就可以預測出未來某個特定時刻的供給情況。預測結果勾畫出了組織現有人力資源狀況以及未來在流動、退休、淘汰、升職及其他相關方面的發展變化情況。

(5)制定培訓計劃。為了提升企業現有員工的素質，適應企業發展的需要，對員工進行培訓是非常重要的。培訓計劃中包括了培訓政策、培訓需求、培訓內容、培訓形式、培訓考核等內容。

(6)制定人力資源管理政策調整計劃。計劃中明確計劃期內的人力資源政策的調整原因、調整步驟和調整範圍等。其中包括招考政策、績效考評政策、薪資與福利政策、激勵政策、職業生涯規劃政策、員工管理政策等等。

(7)編寫人力資源部費用預算。主要包括招考、培訓、福利費用等預算。

(8)關鍵任務的風險分析及對策。每個企業在人力資源管理中都可能遇到風險，如招考失敗、新政策引起員工不滿等等，這些事件很可能會影響公司的正常運轉，甚至會對公司造成致命的打擊。風險分析就是透過風險識別、風險估計、風險掌握、風險監控等一系列活動來防範風險的發生。

人力資源計劃編寫完畢後，應先積極地與各部門經理進行溝通，根據溝通的結果進行修改，最後再提交公司決策層審議通過。

制定所需應徵條件，錄用理想的人才

一、把握住現代人才的標準

「人才生財」，人才是世界上所有寶貴的資本中，最寶貴最有決定意義的資本。日本經濟起飛是依靠技術和管理這兩個輪子，而人才是輪軸，沒有輪軸的輪子是不能前進的。一個企業的成敗，關鍵在於人才。人才是利潤最高的資本。只要恰當投入並善加利用，就能給企業帶來幾倍甚至幾十倍的利潤。

正因為人才具有十分重要的意義，所以才會出現大企業為爭奪人才，培養人才不惜花費大量時間和金錢的現象。要想發現人才、培養人才、使用人才，首先要知道什麼樣的人是人才。古時「德才兼備」的標準已經無法適應當今商業社會的要求。人才新配方將幫助你識別人才。

現代社會對人才最廣泛最通俗的定義是在某些方面具有才能的人。才能不僅表現在對知識的廣泛佔有能力，而且還表現在運用知識的能力；透過獨立思考，不斷擴大知識的能力；尋找、處理大量訊息的能力；克服困難，不斷追求卓越的能力；還應包括處理人際關係的能力。今天的人才往往具有專業性，不同行業的人才是不同的。但各行業對人才還是有一些公認的標準的，合作精神、創造性和主動性、熱情、樂觀、積極進取的精神和誠實守信。

卡內基的訓練之所以廣受歡迎，長勝不衰，就在於他強調並教會人們如何與人和諧共處，創建一個融洽的工作環境。西恩楊森最初提倡「鷹」文化，鼓勵員工爭做雄鷹，孤傲、冒險、好勝，給企業帶來了很大的發展。一九九六年的銷售額達十二億元。但此後，「鷹」文化已不能適應大規模作業的要求，進而提倡「雁」文化，強調團隊合作精神，使西恩楊森再創佳績，因此，幾乎所有的企業都鼓勵合作精神。

「非凡的才智＋敬業精神」是朗訊公司的用人標準。其中非凡的才智用勤勞的工作無法彌補。如果一個人沒有創造力和主動性，再辛勤的工作也不能彌補才智的不足。只有具有創造力和主動性，才能充分發揮自己的想像力，提出新構想，開創新事業。

熱情的人會影響他人的情緒，使別人也變得熱情，樂觀。熱情的人會形成一種士氣高漲，鬥志高昂的工作環境。松下幸之助說：「缺乏熱情的人是最沒有價值的，不論才能、知識多豐富，如果缺乏熱情，那就如同畫在牆上的餅，絲毫沒有功用。」

誠實守信用的員工會使外界相信企業是有信譽的。因此，ＩＢＭ公司的座右銘是「誠實」，要求每位推銷員要機警、靈敏、富有競爭精神，但首先要求員工要誠實，誠實第一。

二、錄用最佳的員工

要為顧客提供最好的服務，必須擁有一些最好的員工。

可是，許多公司不願留住最好的員工，甚至不願讓所有人都成為最好的員工，或者說他們不會這樣做。他們權衡得失，挑選最好的，付出的工資卻是最低的。他們雇用短期員工，擔心在淡季時多付工資。

但是一名成功的經理人，必須不惜重金去找到一些最好的員工，為此付出的時間、精力和資源是值得的。不然，你雇用的只是那些不中用的或根本無用的人。一個成功的公司應該努力找到最好的員工。

留意一下自己周遭的大公司，他們都擅長運用最新的科學技術去雇用那些他們認為的一流人才。應徵員工是一件存有很高風險的事情，每雇用一名員工，你就得冒一次險。因此在雇用員工時，要留心使用一些現代技術，如心理測試、筆跡測試、評價小組等，因為第一印象可能具有一些欺騙性。

儘量花時間測試每位應徵者，盡力找出他們擅長什麼，他們是否真正適合你的工作，他們具有什麼工作技能，你是否容易訓練和改變他們。你應雇用那些有積極心態和良好性格，容易和你及你的員工相處的人。他們還必須誠實，勇敢。

第一印象往往具有一些欺騙性，因此，在招考員工時，不要完全指望第一次面試。多研究一下他們的應徵項目，瞭解一下他們有關的背景，充分進行面試。你可以帶你所挑中的候選人員，帶他們參觀一下公司，觀察他們對公司的興趣程度，詢問他們一些問題，讓他們講一下自己所做的事情，請他們每個人表述一下自己。最後，你會發現最合適的人。當然，你也不能完全依靠自己的判斷，你應讓更多的人參與錄用工作。參與的人越多，最後的決定就可能越準確。你應當仔細傾聽上司、同事和員工的意見，而不僅是自己的意見。

但是最後的決定必須由你做出，因為是你對整個企業或整個部門負責。你必須決定誰來為你工作，不要讓其他人為你做出選擇性的決定。

最好的員工會使你的工作變得十分輕鬆容易，他們與顧客相處也十分容易。那些不會微笑，不積極主動，根本沒有想法的人似乎隨處可見，雇用這樣的人只會使你變成像他們一樣。因此，能否找到最好的員工，也許是你作為經理人面臨的一個最大的挑戰。如果在這一方面決定正確，今後面臨的問題可能就更少。一定要盡力錄用最佳的員工！

三、避免重要人才遞補的不連貫性

當學校專業性合格畢業生不足時，尤其是對特定的職業和技術才能來說，招考問題，就出現了。例如，一再出現工程師的短缺，就是工程專業畢業生和有經驗的工程師供給波動（這又與人口構成和過去的教育模式有關），以及整體上對工程師需求波動的結果。以下是企業能用來保證所需人才充足供給的幾種方法：

(1)做出決策，在自己所需人才能的專業學校附近選擇辦公地點。
(2)人力資源部門從招考人員的學校，提供未來人員需求的預測。
(3)可以發展自己的教育機構，正如Wang實驗室和通用汽車公司合作模式。
(4)一個企業，作為雇主，如果能提供具有挑戰性工作的機會和發展出了好的商譽，就更能增加人才吸引力。

(5)靠委派關鍵的管理人員來協助招考，以及分配時間、設備和人員給這些學校，也可以和學校建立持續的聯繫。

(6)公司能利用訪問和暑期工作來發現人才，並採用在校生，也許還有幾年才準備好進入工作市場，就提前將其預聘進來。

四、應徵條件應該作為公司策略的一部分來考量

比較明顯的原因是，應徵力圖給企業提供它所需的人才來達到策略目標。新的雇員會有更高的動力去與企業相適應，所以，他們自己和企業的期望、技術和核心的價值觀相適合的可能性會更大。在問一些難問的問題，以及檢測他自己和組織的適合程度上，面試也能發揮一些作用。

應徵和「加入」過程不應該只從它對成本——收益的影響，以及一致性和衝突性的角度來看待。在塑造企業的文化上，招考是一個重要的策略。正是在招考和加入企業的時候，員工和企業間的一份隱含的「精神合約」開始形成。預期中的員工收到許多關於公司期望的信號，正如公司的應徵人員做出許多有關預期員工和公司適合程度

的決策一樣。

對這些應徵過程的理解能幫助總經理理解自己的企業的文化。重塑這些應徵過程能幫助他們往所期望的方向上發展自己的企業。例如，對於公司中哪個經理去應徵和做出最後選擇的決策，就會影響到是誰進入企業，以及他們的能力、偏好、價值觀和預期將是怎樣。正是這個原因，所以關鍵的生產線經理通常會介入應徵面試。他們希望能影響人員的錄取，因為他們知道這是塑造公司的重要層次。

五、吸引人們前來應徵

公司要想吸引人們前來應徵，必須設法增強自身的吸引力，這就要求公司自身具備一定的條件，同時也對應徵者提出一定的要求。公司在應徵職工的過程中，始終要努力設法使公司的目標與應徵者的個人目標、公司的需要與應徵者的個人需要協調統一。

一個公司能否吸引人們前來應徵，取決於許多因素。其中主要有：公司的目標與發展前景，公司的形象與聲譽，公司的員工福利待遇，公司中的培訓和提拔機會、工作地點與條件，公司所屬的行業狀況及公司空缺的職位類別等等。公司對應徵者的吸引力取決於上述各種因素的綜合。根據公司所要補充的職位類別不同，對這些因素要分別考慮，各有不同。

公司應徵職員，要考慮到多種職員來源管道。公司內部原有職位空缺或出現新職位，應徵者主要來源於以下幾個途徑：

(1)公司內部，從公司內部找尋合適人選，或採用公司內部招考和公告的形式。

(2)對外進行應徵廣告、宣傳活動。

(3)各種就業機構，如人才交流中心、就業服務單位等。

(4)各種教育、培訓機構，如大專院校、職業訓練所等。

(5)其他途徑，如推薦、自薦等。

根據公司各類工作的不同特點，各類職員的主要來源途徑也不相同。分述如下：

(a)管理人員：主要來源途徑是顧問或同行的推薦、應徵廣告、主動上門應徵等。

(b)專業人員：主要來源途徑是應徵廣告、大專院校、其他公司中的同類型人員、自薦或他人推薦。

(c)辦公職員和祕書：主要來源途徑有應徵、大專學校、就業培訓機構等。

(d)生產工人：主要來源途徑有就業廣告、就業機構、技術學校等。

針對上述各類人員的不同特點和不同來源途徑，在掌握了大量應徵者的情況、資料的基礎上，就可以進入下一階段的工作——從應徵者中挑選員工。

六、發明一個你自己的「愛迪生測驗」

湯瑪斯·愛迪生雇用員工有個獨特的方法。他給應徵者一個電燈泡，問，「這能盛多少水？」

回答這個問題有兩種辦法。一是用度量儀測量電燈泡（這可不容易，因為電燈泡的形狀不規則），然後用測量出的資料計算表面積，前後要花二十分鐘。第二種方法是往燈泡裡放水，放滿後將水倒進量杯。所需時間：兩分鐘。

對於使用第一種方法，即完全按照理論上的方法來測量的應徵者，我們會很有禮貌地感謝他們前來應徵，然後送客。而使用第二方法的人，會聽到愛迪生常說的「你被錄取了」。

你也想網羅創造性的人才嗎？不妨發明一個你自己的「愛迪生測驗」。

七、如何提高應徵的有效性

應徵是公司人力資源進入的主要途徑，應徵效果的好壞直接影響到公司下一步發展策略能否順利實現。應徵的有效性，可以從兩個方面解釋：一方面是在應徵人員的數量上考慮，應徵的結果是否能夠滿足公司人數上的要求；另一方面是應徵的品質，新員工素質是否很好，達到公司的用人標準。對於普通人員的應徵，往往著重於前者，而對於知識型員工的應徵，則強調後者。

應徵過程，不單單是一個應徵人員的篩選過程，它是公司與外界交往的一個重要視窗，特別是常年應徵的公司，應尤其注意在應徵活動中對公司的形象宣傳。因為應徵是一個雙向選擇的過程，特別是對知識型員工，公司應徵他們的過程也是他們在選擇公司的過程。

(1)對應徵者開誠佈公。應徵是為了讓合適的人來公司工作。人事經理在對應徵人員介紹公司時，為了博得他們的好感，往往只傾向於談論工作和公司的積極因素，同時去粉飾不那麼吸引人的現實環境。在應徵過程中，一旦應徵者與公司簽定的「精神契約」會與未來工作中的現實感受相差甚遠，這種差距很可能導致員工離職。

所以，對應徵者，人事經理應該採取開誠佈公的原則，客觀、真實的介紹公司的情況。要讓應徵者真實地瞭解個人在公司中可能的職業發展道路。當應徵者對公司有一個客觀真實認識的時候，應徵者會做出對個人和公司都適合的選擇。這可能會使公司失去一小部分出眾的應徵者，但為公司員工的穩定提供了保障。

(2)部門經理參與應徵。部門經理是未來員工的直屬上級，所以在應徵過程中，應該讓部門經理來參與，由他來決定人員最終是否錄用。部門經理更加瞭解該職位的技能要求，在技能考核中，部門經理能夠發揮不可替代的作用。另外，人們不會為自己的選擇後悔，部門經理會更加喜歡管理他親自挑選的下屬。

(3)考核應徵者的職業道德。是職位技能重要，還是職業道德重要？在魚與熊掌不能兼得的情況下，一些人事經理會放棄對職業道德的考核。這種做法是錯誤的，因為能力越強的員工，如果職業道德不佳，他對公司的危害性也就越大。職位技能可以培養，但人的道德一旦形成，就很難改善。人事經理不應試圖在公司中改變一位員工的職業道德習慣，因為這會非常困難。

職業道德的考核不像考核職位技能那麼簡單，他需要人事經理有一定的經驗和策略。如果有必要，人事經理可以從側面瞭解一下他在以前單位的表現。

第二節 廣泛招募人才

一、頂尖的企業清楚地知道他所需要的人才

迪士尼公司不但被評選為全球最具有創新能力的公司，同時也被選為美國最受推崇的公司。迪士尼的執行總裁說：「我們每五分鐘就可以創造一種新產品，可能是一本故事書或一部電影劇本；而每一種產品都必須是一流的，因為我們的目標是每一次都要做得比上一次好。然而，迪士尼真正的產品是在人才的管理上，若是失去了這些人才，迪士尼還擁有什麼呢？」

頂尖企業清楚地知道它們需要什麼樣的人才。迪士尼所要的人才必須具有樂天派的個性。「聯邦快遞」的人才錄用標準是「勇於承擔風險，並且具備堅守信念的勇氣」。「P&G」公司的人力資源則是雇用最優秀有全球眼光的年輕人，然後再全力幫助他們發展一生的規劃設計，為此該公司執行總裁每年都會馬不停蹄地拜訪各大學校園，來挖掘他們所謂的「企業未來的生力軍」。

每一種行業、每一家公司的負責人，都希望能網羅到一流的人才，來幫助自己拓展業務。但除了一小部分比較幸運的主管，可以錄取到好部屬之外，大多數都很難如願。所以，大家都感歎人才難求，並且把失敗的責任，歸咎到沒有很好的人才上。為此，松下幸之助指出：一位領導者在慨歎人才難求之時，不妨先反省自己是不是盡心盡力去訪求了。

如何去獲得人才呢？最重要的還是要去尋求。如果只是空等，而不去訪求，那麼人才是永遠也不會找到的。天下萬物都是因為需求才會產生的，所以一個領導者必須常常有求才若渴的心，人才才會源源而至。

二、現代實用的徵才手法

(1)公開應徵。它使用公告的方式聘請單位所需的人才。其實，公開應徵就是現代社會廣告求職的運用，透過不同的訊息傳遞方式對人才需求廣為傳播，以求回應者。廣告求職有一定的講究，可以應付眾多應徵者來訪的，則可採用高回應廣告；難以應付眾多來訪來信的，則應採用低回應廣告。

低回應廣告的特徵是，限制條件較多，如年齡、學術職稱，業務水準的具體要求；高回應廣告的特徵是，條件含糊，缺少具體要求。聽閱廣告的人，一般有一種自我肯定的傾向，所以，低回應廣告，應儘量避免使之產生主觀錯覺，標準、條件要寫得清清楚楚。

如果條件不清楚，帶來的問題是工作量大，有的還造成經濟浪費與精力浪費。

(2)以禮聘任。這種方式是瞭解到本單位所需要的具體人才後，透過關心感化、以禮相待等手段，千方百計聘任進來。現代物理學之父愛因斯坦的故事可能鮮為人知。美國著名教育家佛萊克斯納立志改革教育。他接受兩富翁捐贈的一筆鉅款，在風景優美的普林斯頓辦起了一座高等研究院。為此，他到處物色世界一流的學者。

當愛因斯坦到美國加州理工學院講學時，佛萊克斯納求賢若渴，立即前往拜訪，並提出了聘他講課的要求，但愛因斯坦沒有應允。後來，愛因斯坦去英國講學，佛萊克斯納又跟到英國再次請求，愛因斯坦還是沒有答應。

佛萊克斯納並不灰心。那年夏天，愛因斯坦從英國回到柏林附近的寓所，佛萊克斯納又一直跟到那裡，再三懇求。精誠所至，金石為開。愛因斯坦有感於他誠心的邀請，終於答應前往普林斯頓擔任終身教授，從此美國成了世界物理的中心。

(3)重金招考。就是給予被聘任者優厚的待遇，以吸引其應徵。瑞士有一位研究生研製成功一種電子筆和一套輔助設備，可以用來修正衛星拍攝的紅外線照片，這項重大發明引起全世界的注目。

美國一個大企業聞訊後馬上派人找到那個研究生，以優惠的待遇為條件，動員他到美國去工作。瑞士一些公司也千方百計地要留住他，於是希望得到人才的各方展開了人才爭奪戰。你給他加薪，我就再加薪，弄得不可開交。最後，精明大膽的美國人說，現在我們不加了，等你們加好了，我們就乘以五。就這樣，這位研究生連人帶筆一起被弄到了美國。

(4)千方百計「挖牆腳」。優秀人才難覓，對快速成長公司的經理們來說，這是個經常掛在嘴邊的感歎。市場上具備條件人才遠遠不夠填補公司空著的崗位，而這就要求那些負有尋找人才職責的人必須更具有智慧、更果斷力。

一位德國媒體巨頭向優秀人才推銷公司的職位，他向銷售經理人員推銷公司產品一樣積極，他認為，如果公司想吸納人才，就需要有知名度和品牌，求職者才能瞭解你是誰，你想做什麼。他知道，許多年輕的專業人員希望在職業生涯開始階段承擔更大風險與挑戰，而且對大公司充滿不信任。他也清楚，如今公司的人才競爭對手不再是產品企業或投資銀行，而是人才公司。人才市場已經發生了改變，經理得在這個新空間裡推銷自己。

德國經理人相信，他們的理想對象應該是那些被動而非積極主動的求職者。他們想要那些已經獲得成功但不知道自己可跳槽去哪裡的專業人員。為了找到這樣的人選，他們手中有其他公司工程師的名單，然後由公司聘請的諮詢公司出面請這些工程師參加聚會，對他們是否有意跳槽進行試探。

公司還推出一種「朋友推薦攻勢」。他們聲稱，如果你有朋友在我公司，那就快些打電話給他們，如果沒有，我可以給你找一個。他們透過此法聘任人才，真可說是用心良苦。作為經理人，你一定要設法招考到人才，因為這是無本萬利的買賣。

三、應徵人才的方式

(1)就業中心。在全國各城市都有就業中心服務機構。他們一般建有人才資料庫，用人單位可以很方便在資料庫中查詢準則基本相符的人員資料。

透過就業中心選擇人員，有針對性強、費用低的優點，但對於如程式設計、科技等熱門人才或專業人才則效果不太理想。

(2)招募人才座談會。人才交流中心或企業機構每年都要聯合舉辦人才招募座談會。在座談會中，徵人企業和應徵者可以直接進行接洽和交流，節省了企業和應徵者的時間。隨著人才交流市場的日益完善，座談會呈現出向專業方向發展的趨勢。比如有專業級人才座談會、社會新鮮人座談會、資訊技術人才交流會等等。

座談會因為應徵者集中，企業的選擇性較大。透過參加招考座談會，企業招考人員不僅可以瞭解當地人力資源素質和走向，還可以瞭解同行業其他企業的人事政策和人力需求情況。

(3)傳統媒體。在傳統媒體刊登招聘廣告可以減少招聘的工作量，廣告刊登後，只需在公司等待應徵者上門即可。在報紙、電視中播出招聘廣告費用較高，但容易呈現出公司形象。

(4)校園招考。對於應屆畢業生和暑期工讀生的招考可以在校園直接進行。方式主要有招考張貼、招考講座和學校推薦三種。

(5)網路招考。它具有費用低、涵蓋面廣、時間週期長、聯繫快捷方便等優點。現在，大多數企業都有網頁，很多應徵者也能很方便地上網。

⑹員工推薦。員工推薦對招考專業人才比較有效。員工推薦的優點是招考成本小、應徵人員素質高、可靠性高。據瞭解，美國微軟公司四十%的員工都是透過員工推薦方式獲得的。為了鼓勵員工積極推薦，企業可以設立一些獎金，用來獎勵那些為公司推薦優秀人才的員工。

⑺人才獵取。對於高級人才和尖端人才，用傳統的管道往往很難獲取，但這類人才對公司的貢獻卻是非常重大的，透過人才獵取的方式可能會更加有效。人才獵取需要付出較高的聘用成本，一般委託「獵頭」公司的專業人員來進行，費用原則上是被獵取人才年薪的三十%。

四、應當關注如何吸引人才，而不是對人才的流動設置障礙

現今，「跳槽」一詞十分流行。對於很多公司來說，「跳槽」意味著員工的流失，其中不乏有才之士。這些人對在原本的公司不滿意，認為不適合自己，所以要換一片天空，找到更有利於自己成功的地方。

看到原本是自己公司的員工跳到其他的公司後做出了非凡的成績，公司的領導者很可能會有一種惋惜之情，視為自己公司的人才流失。因此，有些領導者便想千方百

計地把自己公司的員工留住，以期他能為本公司做出更大的貢獻。

為了減少員工的流失，有的公司使用了將保留退休金的權利納入員工退休計劃的方式。目的在於使員工基於在將來得到退休金的考慮而留在公司，然後透過其他的方法讓員工努力工作。事實似乎證明，這一計劃對減少員工的流失有一定作用。

然而有些公司卻不贊成這種做法，這些公司認為，使用這一計劃會使那些缺乏進取心的員工不願離開公司，等著將來領退休金。索納利斯公司就是一例。

這家公司的業務是專門提供管理運作的諮詢服務。這家公司共有員工三百名，員工流失率極低。但這家公司並沒有將保留退休金的權利納入公司的員工退休計劃。

索納利斯公司注意到了這項做法的弊病，因此在成立之後，就制定了一個退休金方案。在這個方案中規定的退休金保留期為四年，即每年二十五%。在四年之後，員工就可以動用這筆資金了。現在已經有少數員工做到時候了，但大多數人時間還沒到。至於員工願意留在這裡工作的原因，總裁說是員工喜歡這家公司。

另外這家公司的上述退休金方案也發生一個作用，就是為公司吸引了一批優秀的人才，他們明白，在較短的時間內，他們就有一筆退休金可供支配。而且那些沒有積極性的員工也不必為等著領退休金而賴在公司裡不願走。這樣，公司裡的員工都是一批積極性極高的人才，對公司的發展很有利。

實際上，一家管理良好的公司最應當關注的是如何吸引人才，沒有必要為留著員工而對人才的流動設置種種障礙。就像安排退休金的做法一樣，設置其他障礙，不僅使不願在本公司的員工找不到理想的去處，而且重要的是，這些員工留在公司會給公司帶來非常大的負面影響，使工作效率下降。

第四節 靈活把握選人標準

一、以適用為原則，不片面追求教育程度

近年來企業事業招考人才對學歷的要求越來越高，招考中學教師，把標準定在博士，找一個機械員，要求大學本科以上。仔細想一想，這種人才「高消費」的做法未必合適。往往有這樣一些現象，一些企業招考了一批又一批人員，經過一段時間才發現，因各種原因造成的合格人數很少，只好繼續招考。周而復始造成了人力物力很大損失。松下指出：各公司的情況有所不同，老實說，人員的錄用，以適用公司的程度就好，程度過高，不見得一定有用，「適當」這兩個字是很要緊的。

汽車大王亨利福特曾經說過：「越好的技術人員，越不敢活用知識。」福特是在企業經營上屢次發明增產方法的人。他為了增產的事和他的技術人員研商時，他的技師往往會說：「董事長那太難了，從理論上著眼也是行不通的。」而技術越好的人，越有這種消極的個性。因此令福特大傷腦筋。

福特實在說出了一種真理。在日本，常聽人說「白領階級是弱者」這句話。其實好好想的話，所謂「白領階級是弱者」這句話是可笑的，學歷十分良好而且有豐富知識的人，不可能是弱者。實際上如果沒有一定的知識水準的話，辦不了的事實在很多。但為什麼那麼多人說知識階級是弱者呢？這是因為自陷於自己的知識格局內，而不能活用的關係。

在面對一個工作時，一個人如果對有關知識瞭解不深，他會說：「做做看。」於是著手埋頭苦幹，拼命地下功夫，結果往往能完成相當困難的工作。但是有知識的人，常會一開頭就說：「這是困難的，看起來沒辦法做。」這實在是畫地自限的現象。所以有「知識階級是弱者」的說法。

今日的年輕人，多受過高中、大學的教育，所以有相當的學問和知識。因現代社會的變遷，分工很細，公司的工作專案也愈來愈繁雜，所以年輕人具備高程度的學問知識，在一方面來說，是必要而且是很好的事。但重要的是不要被知識所限制，也不要只用頭腦考慮太多，要決心去做實際的工作，然後在處理工作當中，充分運用所具備的知識，這樣的話，學問和知識才會成為巨大的力量。

尤其是剛從學校畢業的年輕人，最容易被知識所限制，所以要十分留心這一點，發揮知識的力量，而不是顯示知識的弱點。

在實際工作中常常可以發現，一些工程技術人員雖然學歷不高，卻往往具有較深的專業知識和較強的實際工作能力，相反，一些高學歷人員，雖然各方面都表現不錯，卻沒有強烈的處事風格，與他們談話留下的印象不深。一個人實際工作能力的高低，並不能單從學歷或應徵時獲得的筆試、面試成績，就可以看得出來的。具有了實際工作經驗，也未見得能力就強，創造性就高。

日本在人員招考中提出要注重實際能力，特別是選拔事業開發型人才時主要看他的綜合基礎能力，就像挑選種子運動員一樣，關鍵看他是不是一塊好材料，有沒有發展潛力。所以，高學歷不等於高能力。在招考過程中更應注重招考那些高能力的人才。

二、能力比學歷更重要

必須認識到，知識份子常自陷於自己知識的格局內，以致於無法成大功立大業。

汽車大王亨利福特曾經說過這麼一句話：「越好的技術人員，越不敢活用知識。」

福特是在企業經營上，屢次發明增產方法的人。他為了增產的事和他的技術人員研商時，他的技師往往說：「董事長那太難了，沒有辦法的，從理論上著眼，也是行不通的。」而技術越好的人，越有這種消極的個性。因此令福特大傷腦筋。

在日本，常聽人說「白領階級是弱者」這句話。其實好好想的話，所謂「白領階級是弱者」這句話是可笑的，學歷十分良好，而有豐富知識的人，不可能是弱者。實際上如果沒有一定的知識水準的話，辦不了的事實在很多。但為什麼那麼多人說知識階級是弱者呢？這是由於自陷於自己的知識格局內，而不能活用的關係。

在面對工作時，一個人如果對有關知識瞭解不深，他會說：「做做看。」於是著手埋頭苦幹，拼命地下功夫，結果往往能完成相當困難的工作。但是有知識的人，常會一開頭就說：「這是困難的，看起來無法做。」這實在是畫地自限，且不能自拔的現象。所以有「知識階級是弱者」的說法。

今日的年輕人，多受過高中、大學的教育，所以有相當的學問和知識。由於現代社會的變遷，分工很細，公司的工作專案也愈來愈繁雜，所以年輕人具備高程度的學問知識，在一方面來說，是必要而且是很好的事。但重要的是不要被知識所限制，也不要只用頭腦考慮太多，要決心去做實際的工作，然後在處理工作當中，充分運用所具備的知識，這樣的話，學問和知識才會成為巨大的力量。

尤其是剛從學校畢業的年輕人，最容易被知識所限制，所以要十分留心這一點，發揮知識的力量，而不是顯示知識的弱點。

在實際工作中常常可以發現，一些工程技術人員雖然學歷不高，卻往往具有較深的專業知識和較強的實際工作能力，相反，一些高學歷人員，雖然各方面都表現不錯，卻沒有強烈的處事風格，與他們談話留下的印象不深。

一個人實際工作能力的高低，並不能單從學歷或應徵時獲得的筆試、面試成績，就可以看得出來的。具有了實際工作經驗，也未見得能力就強，創造性就高。

二十世紀九〇年代初，日本在人員招考中提出要注重實際能力，特別是選拔事業開髮型人才時主要看他的綜合基礎能力，就像挑選種子運動員一樣，關鍵看他是不是一塊好材料，有沒有發展潛力。所以，高學歷不等於高能力。在招考過程中更應注重招考那些高能力的人才。

三、人格比專業知識更重要

美克德公司是一家經營唱片和音響的企業集團，在戰前，聲譽顯赫。可是由於戰爭的影響，使這家擁有一流人才和高超技術的公司，遲遲不能展開重建的工作。最後，因種種的原因，由松下電器公司接管。為了使它從戰敗的挫折中復甦起來，所以，松下非常慎重地思考經理的人選。最後，決定把這個重擔，託付給野村吉三郎先生。

野村先生在二次大戰期間，曾擔任過海軍上將，退役後轉任外務大臣。在一九四〇年，大戰局勢發展到最緊張時，美國考慮是否加入亞洲方面的戰事，日美關係正瀕臨破滅的階段。野村先生便以天皇特命全權大使的身分到了美國，為美日兩國的和平，進行交涉。可是，就在他對美國提出種種和平建議時，日本偷襲了美國珍珠港海軍基地，終於引發了太平洋戰爭。

野村先生和松下同是和歌山縣人，不僅是松下的長輩，也和松下維持很好的私人交誼。是松下一生中，最敬佩、人格最高尚的偉大人物。戰後，松下正為美克德公司的主持人選傷腦筋。當松下想到自美國歸來的野村先生時，就認識到如果能請這位德高望重具有高尚人格的野村先生來出任中心領導者，做公司的精神支柱，那麼美克德公司的重建工作就指日可待了。

於是，松下非常坦率地把心中的想法告訴他，並請他務必接受邀請。想不到野村先生非常爽快地答應了，並且說：「我對經營事業一點經驗也沒有，但我的長處就是了解用人。誠如你說的，美克德公司擁有許多一流的人才，那麼我的工作，就是要儘快促使那批優秀人才，發揮他們的潛力。」這個看法，和松下心中所想的不謀而合，於是人選很快就定案了。

無疑的，這個人事決定使許多人大感意外，甚至松下周圍的人也表示反對，他們認為：「以美克德這樣的小型公司，聘請曾任外務大臣的野村先生來擔任經理，不是大才小用，太委屈他了嗎？從另一角度說，以美克德這樣的小公司，想獨佔像野村先生這樣具有偉大人格和才能的人，也實在太自私了。」當然，他們都是出於一番善意，是為野村先生著想。幸好，野村先生並不同意這種膚淺的看法，他認為：「戰後，社會最需要的就是安定和繁榮。在美國，許多過去擁有輝煌戰功的名將，也都紛紛加入民間公司，藉個人的工作來貢獻社會。至於戰敗的日本人，就更不應該拘泥於以往的地位，因為真正有地位的人，是那些能透過工作把力量貢獻給國家社會的人。」

從這一點，可以看出野村先生淡泊名利，勇於負責，並且進取向上的崇高人格。而正如野村先生自己所說的，他對企業的經營完全外行，對唱片、音響更是一竅不通，所以在主持美克德業務的過程中，也發生過一些有趣的小插曲。

有一天，在幹部會議上，有人提議要和美空雲雀簽約出唱片，但野村先生卻問：

「美空雲雀是誰？」

美空雲雀可說是當時家喻戶曉的人物，她不僅是日本排行第一的紅歌星，也擁有眾多的歌迷，像這樣有的名藝人，身為唱片音響連鎖企業的主持人居然不知道，真是趣聞。

後來，這段故事傳到外面，往往被人拿來當作諷刺的話題，甚至有人說：「一個唱片公司的經理居然不認識美空雲雀——那他一生中能認識幾個人呢？」

可是這些批評並沒有影響野村先生的地位。誠然，他不認識美空雲雀，可是，他知道身為一個領導者所應該知道的事。他博學多聞，品格高尚，美克德能有這樣的一位領導者，使得具有專業技能的人都有機會充分發揮自己的長處，這的確是件幸運的事。

不可否認的，美克德公司是在一個不知道美空雲雀的經理領導下，很快地從戰後的廢墟中建立起來。這個成績，你能說它只是一樁奇蹟嗎？這並不是奇蹟，而是憑著野村先生的人格修養、經營知識和磨練創造出來的。儘管他不知道紅歌星的名字，但卻無損於他的成就。可見在商場上，不僅知識和技術重要，同時更應以正義的立場、公正無私的生活方式，來表現高尚的人格，這也是用人的一個要訣。在運用人才上只要不存私心，經常考慮何者當為，何者不當為，進而發揮潛在力量，是不難邁向理想境界的。

四、不可忽視心理素質和工作態度

現代經濟社會的競爭是激烈與殘酷的，而這勢必給每一個企業每一個員工造成強大的壓力。企業是否能頂著壓力前行，是否能在競爭中脫穎而出，不僅看員工的技術水準和工作能力，還要看其是否具備良好的心理素質。

在我們招募新員工時，我們是否考慮過這些問題，新招進來的員工是否具有創造才能和創造精神？是否能領導和訓練他人？他是否能在團隊中工作？他是否能隨機應變並善於學習？他是否具有工作熱情和緊迫感？他在壓力之下能否履行職責……在一些先進國家或地區，如美國、日本、英國等非常重視對員工心理素質的考核，並透過一系列心理素質測定來判定招考對象心理素質的高低。他們認為，這是一個可以減少冒險，促進做出完美決定的過程。幾此種種，目的只有一個，就是要找到心理素質較好的人才。

一個真正意義上的人才應是德才兼備的。「才」，無可置疑，就是反應在工作能力和心理素質上。而「德」，一般來說就是從工作態度中表現出來。良好的工作態度，往往能為員工帶來工作熱情和動力，進而提高工作效率。

當然我們不能將工作態度簡單的和工作績效聯繫在一起，還必須考慮到企業環境的各種具體條件的影響，這是企業在日常經營管理時所應該考慮和處理好的客觀因素，而在進行人員招考時，應徵者所持有的工作態度，卻是我們不得不考慮的主觀因素。由此為企業選拔到具有良好工作態度的人才，必將能使以後的經營管理工作事半功倍。

五、要聘請能與員工相協調的管理者

某公司的一位職員說過這樣一個故事：

一次，我們部門來了一位學歷不凡的高級經理。他知道我們所有的問題，甚至連我們還沒有發現問題的答案。不到幾個星期我們就發現，這位部門新主管比我們任何一個人都精明，他什麼都知道。

我還記得當時工作中向這位經理彙報工作的情形。他常常簡單地交代幾句他的希望和要求後才交給我一項工作。然而每當我開始工作時，我發現自己並不清楚哪些是該做的。我只好回去請示。他也只能再解釋一遍。這次他的聲音裡夾雜著一些失望。但我得到的訊息遠不足以讓我順利地完成工作，我只好一遍又一遍地去請示。我每去一次，他就愈生氣，使我越來越覺得自己無法勝任。我開始懷疑自己做事的能力。

我把自己的問題說給部門裡其他的人，他們的回答都一樣：「他對每個人都這樣，不要為這事煩惱了。他總是盡可能地把事情解釋得模糊一些。」

「為什麼他要這麼做呢？」我問。

「這樣你就會自慚形穢，覺得自己不如他。他希望你怕他。」

這種情形持續了好幾年，直到部門的人們再也忍不下去了。他們向高層管理要求把那經理解雇。管理層認真研究了他們的要求，因為他來之前，這個部門一直都是充滿活力和高效率的，現在卻不是。於是，那經理被解雇了。

從這個故事中我們可以知道，要聘請能與員工相協調的管理者。如果他們無法和諧共處，就會發生問題。不管他有多麼傑出，他的級別、頭銜、經歷多麼令人羨慕，只要他無法與屬下和諧共事，就不能用他。

愉快的心情能使人幹勁倍增。誰都願意與喜歡的人在一起共事，也會為此而更加努力。當然，即使你做了不受人歡迎的決定，只要它是公正合理的，你還會得到員工的尊敬。別想做「和事佬」老闆，因為員工並不會尊重你。

六、採用集體決策的方式擇優選擇企業的經理

集體智慧是最可靠的判斷。採用集體決策的方式擇優選擇企業的經理，不失為一種好辦法。它不僅可以有效地防止個人獨斷專行或任人唯親的行為，而且有助於真正地把公司的優秀人員選拔到領導地位上來。

美國霍尼維爾公司在這方面的做法是很有特色的。該公司選拔各級經理有一套嚴格的組織程式，它由中心管理小組集體決策，全權把關負責，小組的每一個成員都要為決策負責，選拔經理的系統性和完善性有效地保證了決策的科學性，使公司的優秀人員有機會擔任領導職務以充分發揮自己的才能。該公司中心管理小組選拔一名業務開發部主任的具體做法是：

(1)準備。中心層由十人組成，在每次例行會議上著重討論選拔一名業務開發部主任的問題。由於業務開發部是一個十分重要的部門，主任一職須由一個既懂業務、瞭解客戶心理、擅長於市場行銷和合約管理，又富有經驗和魄力的人來擔任。小組組長要求小組成員根據這些條件積極參與合適的人選物色工作。

(2)人選討論。小組首要的工作是弄清所有有志於承擔業務開發部主任這一重擔的

人中間有多少是具有資格的候選人。為此，組長必須就人選問題與公司其他經理人員進行多次商議，與此同時，人力資源部主任與中心管理小組其他成員著手整理公司的人數檔案，從中挖掘可供挑選的人才。連同大多數候選人所在部門經理推薦的，也有個別毛遂自薦的，從這個意義說，業務開發部主任的選拔工作頗具競爭性。根據議程，先由小組成員提出四個候選人，組長將名字寫在黑板上，並分別注明他們的現任職務。然後，前業務開發部主任介紹這四個候選人的大致情況，並指出某候選人能力欠佳，建議將他暫時除名。在小組成員一致表示同意後，組長又提出第五個候選人，其他成員也可以先後提出眾多的人選，並在黑板上一一列名，供下次會議討論。

中心管理小組採用這種方式，其目的在於鼓勵大家充分發表意見，力爭將最優秀的人選提拔上來。

(3)篩選。一個星期以後，小組開會討論每個候選人的評估問題。會上，組員們各持己見，氣氛活躍，有的偏重於候選人的資歷和能力；有的強調候選人的判斷能力和工作應變能力。儘管看法不同，說法不一，但有一點是共同的，這就是候選人如果缺乏市場行銷技能或不善經營，其他條件即使再好也應當刪除。

經過這樣的初步篩選，候選人名單又減至五人。篩選結束後，組長又馬上著手做兩件事，一是分別通知五名候選人的上司，小組要同該候選人單獨進行面談；二是向那些被刪除的候選人的上司說明其落選的理由。

(4)面談。小組的每個成員都必須單獨同每個候選人面談一小時，談話前，每個候選人都會獲得各種訊息，諸如會談者的姓名、工作概況、選拔過程、選擇標準的概況等等。面談者要求達到如下目標：一、面談雙方互通訊息，交換看法；二、小組成員就管理上的一系列問題向候選人發問，要求充分發表見解並提出改進措施。

(5)小組成員向候選人勾劃企業的價值與目標，強調公司的集體凝聚力，從而使候選人產生一種高度責任感。面談結束後，由組長召集會議，溝通面談情況，決定其中的最佳人選。

(6)選擇。中心管理小組經過集體磋商，在意見大致相同基礎上再進行抉擇。為使決策過程順利進行，意見決定後，大家必須理解、接受和執行。當然，被選中的候選人並不一定是小組每一個成員的第一選擇，但大家應認識到，決定是合適的，即便不是最佳方案至少也是個較好的方案。

會議上，由人力資源部主任以總結的形式將每一個小組成員與候選人面談的結果發給大家繼而開始辯論，最後，確定一個最合適的人選，即工作績效穩定，精明果斷，又善於與同事合作的人。

(7)會議結束後，中心管理小組的組長向本公司高層管理部門彙報整個選拔過程、選拔標準和決策理由，高層管理部門如認為小組的決定是正確的，便予以批准，組長立即通知被選定的對象，要他上任。至此，中心管理小組集體決策，選拔業務開發部主任的工作宣告完成。

霍尼維爾公司選拔經理人員的過程充分說明，透過競爭產生的經理，得到了中心管理小組全體成員的認可，其威信要比個人任命的人選要高。

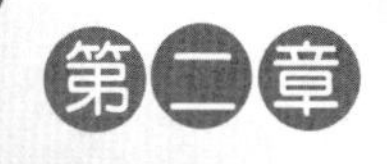

科學配備人才，保持企業高效能

第一節 適當分配工作，提高效率

一、垃圾是未被利用的財富

現代科學管理要求主管必須善於區分具有不同才能和素質的人。世界上只有混亂的管理，絕對沒有無用的人才。

☑不要理會別人身上的「標籤」

哈佛策劃學大師馬克・凱爾講述過這樣一段話：

有一次我聽朋友說他們公司有一位「帶人名將」，於是便前去訪問。此人以擅於培育人才善稱，所以在他的部門中全都是一些被貼上「劣等生」標籤的人，但是這些人經過他再調教之後，大多數都能以充實的戰鬥力重新出發。當時我並沒有聽到他什麼創新的意見，不過我記得有一句話非常值得參考。

「我絕不理會那種被別人貼上標籤的人。」

以被貼上「經常遲到」標籤的人為例，他會認為一定是有什麼理由讓此人覺得遲到也無所謂，而針對這個理由修正部屬的行為，就是他為人經理的職責所在。他人認定此人就是改不掉遲到的毛病而什麼任務都不交給他的話，會讓他愈來愈自暴自棄。

「我讓那些常遲到的人負責記錄晨間經理會議的內容。這是個相當重要的會議，能參加這個會議，不論理由為何，都能給那些愛遲到的人很大的激勵和鼓舞。」

這位經理將絕不能遲到的重要工作交給經常遲到的人，藉此矯正他們日常生活上的壞毛病。這人未必會因此而從此不遲到，但至少遲到的次數減少了一半，而且變得比以前更願意接納他人的建議。

對於那種總是抱怨公司政策與經理指示的「公司政策評論家」型的人，則會賦予他們一定的許可權，並分配一位助理給他，然後丟下一個案子讓他獨立處理。這種伶牙俐齒的評論家若是遭到冷落，只會更加深反抗之心，此時倒不如賦予他們重任，大約有百分之六、七十的這種人都會因此重新振作起來。而剩下的那些依然一事無成的，或是仍舊不守常規的人，或許適合他們擔任監督者的搭檔。

聽了這位經理這一席話之後，令人感觸最深的，就是基本上為人經理者都應抱持著：「天生我材必有用」的觀念。雖然有些經理自恃能很快看出部屬的能力極限，但事實上他們看錯的可能性也不低。

☑盡力尋找發掘「可惡傢伙」的優點

為什麼經理人必須將「朽木不可雕也」這種想法當成禁忌？因為人太容易將「朽木」的標籤往他人身上貼，而不多加考量其他方面。

「朽木」，常常也就是所謂「可惡傢伙」，任何人對於不合己意的對象總是會不由得態度冷淡，甚至希望對方最好從自己的眼前消失，常會在無意間吐露出希望對方不再出現的訊息。

我們必須警覺自己的心態，每當我們想給某人貼上不好的標籤時，都應該三思而後行。不論哪一家公司都有那種很快便被貼上「朽木」的標籤，然後被打入冷宮的人才。有些人的確不得不如此對待，但有不少人卻是因經理個人好惡或輕率的判斷而被迫坐冷板凳的。

經理絕不可輕易將人認定是「朽木不可雕也」，反而應該以「或許也有良材」為座右銘。只要以無成見的眼光去看每一個人，將可發現再古怪的部屬或許也擁有值得重用的能力或特點，如果怎麼也發現不到，則應先檢討自己的看法，而且至少得反省三次。

觀人可以有兩大含義，一是像按照自己的意思選擇人生伴侶或是事業同伴一般，除了發覺對方的優點處，同時不能漏了缺點，簡單說就是要具有一雙慧眼。另一方面的含義是，即使對對方有所不滿也不得不在一起，這時應盡可能去發掘對方的優點。

就後者的情形來說，就算不停指責對方的缺點也無濟於事，尤其是經理對部屬。因為必須在短時間內訓練對方，與其把精神放在矯正缺點上，還不如用來發揮創建的優點，這也正可說是為人經理的待人原則。如果無法看清部屬存在的優質特性，便不太適合擔任管理工作了。

☑站在協助部屬發揮潛能的立場

人才雲集的公司或部門，或許都不願意多花心思照顧沒有達到標準的人。或許很多經理都覺得，如果自己的部門中沒有那種需要培訓的人，就可以把訓練人的時間拿來做經營上的長遠規劃了。

可是放眼看看四周，真能符合這種條件的理想公司可說是寥寥可數，即使是一流公司，也有不少將未發掘的可造之才掃地出門的情形。

「現在的年輕人跟他們說什麼都不聽……」如此抱怨的經理相當多，但他們多半只把注意力擺在糾正部屬缺點上，部屬只會覺得經理老是在抱怨。經理如果能站在協助部屬發揮潛能的立場給予建議，部屬必能感受到經理關切的心意。不論是對待年輕人還是資深職員，都是一樣。

沒有這樣的觀念，就很難培育出優秀的人才。老是在意部屬缺點的人，或是不斷給部屬貼上「朽木」標籤的人，必須努力嘗試建立兩種新的觀念。第一種是要向前述的「帶人名將」學習，找出部屬有缺點的原因，並表現出關心。第二種則是要將缺點當成優點看待，修正自己既有的觀點。

怎麼也改不掉遲到習慣的人，一定是有什麼理由讓他不在乎遲到，之所以有人老以一副找碴姿態，對同事傲慢無禮，可能早因為公司本身混亂的組織文化所造成。經理一定要用心探究這些個別的情形，設法解開這些問題的癥結。

其實經理可以試著異地而處來想想看。自己的遲到理由在別人耳裡都是牽強任性的，但自己卻總可以找出十足的藉口將這些理由合理化。這樣的理由原因，身為上司的你是否有可以幫助部屬改進的方法呢?千萬別不仔細想過就說「沒有」，在斷言「沒有」之前，一定要為別人設身處地地去思考，這正是為他人撕下標籤的第一步。

對於愛講歪理的人，我們可把他看作是具有「理論家特質」的人；對於頑抗型的人，可把他看作是「愛發掘問題」的人；而對於動作遲緩的人，則可把他看作是行事穩重的人。換句話說，對於被施以負面評價的人，我們必須以完全正面的觀點來重新看待。這樣的用心對方一定能感受得到，也會以同樣誠懇態度向你回應。

二、根據員工的個性安排工作

西方學者將個體因素歸結為四個方面：傳記特點、能力、個性和學習。

傳記特點實際上就是我們所填履歷表的有關內容，它們可以直接從人事檔案中查到。與那些複雜的、模糊的、難於獲得的變數（例如激勵、組織文化等）相比，傳記特點更有利於直觀地分析員工生產率、缺勤率、流動率和滿意度等因素。

每個人的能力都有所不同。不同水準的能力對每個人從事什麼樣的工作及工作績效如何，都有著極其重要的影響。只有當能力和工作相匹配時，才能充分發揮人的能力及潛能。能力從整體上可分為兩大類：心理能力和體質能力。這裡的「學習」，並非指專門在學校裡學習文化知識或技能的活動，而是「由於經驗而產生的相對持久的行為改變」。

個性就是個體的人格特徵，是個體所有的反應方式及其人際交往方式的總和。個性可以定義為個體或一般意義的人針對環境做出的始終如一的行為模式的特性，一個有效的管理者希望瞭解個體行為模式以便有效地管理下屬。實際上，人們都試圖在和別人的相互影響中確定始終如一的行為模式。一般情況下，需要比當時環境提供的更多的訊息來瞭解個體行為。因為每個個體都是作為一個整體的人行動的。行為不能理解為相互割裂的部分。透過個性研究，就能將人的行為的點和面結合在一起。

近年來的一系列研究表示，所有個性因素都存在五個最基礎的緯度。

(1)外向性：描述個人是否善於社交、言談，是否武斷自信。

(2)隨和性：描述個人是否隨和、能否合作且信任。

(3)責任心：描述個人的責任感、可靠性、持久性、成就傾向等方面。

(4)情緒穩定性：描述個人在積極方面（如平和、熱情、安全等）和消極方面（如緊張、焦慮、失望等）。

(5)經驗的開放性：描述個人想像、聰明、及藝術的敏感性方面。

每個人的個性都不同，只有當個性與工作相匹配時，個體能力才能充分發揮，才能取得滿意的工作效率。

三、讓員工們為他們所做的工作感到自豪

美國國家罐頭食品有限公司是世界上第三大罐頭食品公司。這種成功的主要原因在於以人為中心的管理方法。公司的總裁和主要的行政人員，法蘭克・康塞汀不願意看到工人們不愉快，尤其是在工作的時候。因此，他常給人們帶來好處。

康塞汀說：「我要使我的團隊有這樣一個信念，就是為他們所做的工作感到自豪，甚至當這工作是擦地板時。如果你使人們對他們的工作有自豪感，這比給他們報酬要好得多。你是在給他們地位及被認可感和滿足感。」

公司隨處可見這種以人為中心的管理方法的例子。當國家公司的一家工廠在奧克拉荷馬開幕的時候，一百個工作職位收到了二千份申請書。新工廠的特色在於有家庭氣息，有野餐和音樂。八個月以後，產量大大地超過了預估，而且職員的變動率幾乎為零。

因為此工廠的奉獻，國家公司搭起了一座露天馬戲團。就在那一天，九十四名工人的工廠達到了日產一百萬個罐頭的目標。三年以後，工廠的日產量差不多是二百萬個罐頭。

國家公司還是最早建立心臟保健計劃的公司之一，超過六百名受過訓練的員工將負責心臟病緊急救護。到目前為止，他們已經挽救了數條生命。

國家公司無疑為工人們創造了一個天堂，因為罐頭生產並不是一份舒適而安祥的工作。不過康塞汀相信，任何工作都具有創造性，公司鼓勵職員發揮創造性和革新精神，這也是國家公司能不斷革新罐頭製造技術的一個原因。隨著科技的進步，機器並沒有取代人，相反它們將幫助人們把工作做得更好。

以人為中心的管理方式在國家公司實行標準化已經存在很長一段時間了。康塞汀的繼任者，羅伯特・斯圖爾特加強了深入工廠訪問的傳統。斯圖爾特說：「我過去每年去各個工廠一次，並和每個職員交談一次，我牢記要在半夜起床，和那些上大夜班的工人交談。」康塞汀覺得現在很難和每個人進行交談，因為公司太大了。他相信他的管理人員應疏通各種管道，和組織中不同層次的個人進行接觸。儘管公司在發展，康塞汀試圖保持一個小公司特有的優越性，包括給管理人員充分的自主權去接近他們的工人。他發現，管理人員和他們的工人越親密，則工廠的產能也就越高。

「管理人員的工作就是把職員們放在合適的職位上。與他們共事後，就應判斷哪個崗位最適合哪個人。如果你把適當的人安排在適當的職位，他們就會得到心理上的滿足，這種滿足是他們在他們所不能勝任的職位上也得不到的。我們對人的關注花費並不很大，而利益卻在員工的忠誠和高度信心下自然而然的增長。他們不可避免地增加產量，你可以把人性的優點運用到和員工們打交道的日常事務中。」

康塞汀看來，還有很多比激勵員工更值得你關切的事情。他說：「激勵員工的另一方面在於認可他們的成績。這聽起來很簡單，但是管理部門通常集中精神對付麻煩事，而忽略了運轉良好的工廠，應以人本的精神為出發點，始能激發員工無限的潛能。」康塞汀最後總結性地補充說：「國家公司也許不會成為同行業中最大的一家公司，但是只要我們一如既往地對待職員、顧客和供應者，那就已經足夠了。」

四、要重視員工的專長

高級管理者是管理人才的伯樂，正如美國著名經營專家卡特所說：「管理之本在於用人。」

經理在發揮人的長處的問題上，第一個會遇到的就是聘雇人員的問題。經理選擇人員和提升人員時所考慮的是以他能做什麼為基礎的。他的用人決策，不在於如何減少別人的短處，而是如何發揮人的長處。

誰想在一個組織中任用沒有缺點的人，那麼其結果最多只是一個平平庸庸的組織。想要找「各方面都好」的人、只有優點沒有缺點的人（不管描述這種人時用什麼詞），「完人」也好，「成熟的個性」也好，「調教極好的人」也好，「通才」也好，結果只能找到平庸的人，就是無能的人。強人總有某些的缺點，有高峰必有深谷。誰也不能在十項全能中都強，與人類現有的博大的知識、經驗和能力相比，即便是最偉大的天才都不及格。其實世界上沒有「好人」這個概念，問題是好在哪方面。

一位經理如果重視別人不能做什麼，而不是重視別人能做什麼，因此他以迴避缺點來選用人而不以發揮長處來選用人，那麼他本身就是一個弱者。他可能看到了別人的長處卻把它當成對自己的威脅。但是事實上從來沒有哪位經理因為他的部下很有能力、很有效率而遭殃。

美國的鋼鐵大王卡內基的墓碑上的碑文上這樣寫道：「一位知道選用比他本人能力更強的人來為他工作的人安息在此」。當然，這些人之所以比卡內基更強，是因為卡內基發現了他們的長處，並運用了他們的長處。實際上，這些鋼鐵工作管理者之中的每一位只是某一特別領域裡，或在某一特別工作上比卡內基「更強」，而卡內基是他們的一位有效的管理者。

有效的管理者知道，他們的部下之所以拿薪水，是為了行使職責而不是為了投上級所好，他們知道，只要一位女演員能受觀眾歡迎，至於她愛發多少脾氣那都無關緊要。假如發脾氣是這個女演員能使自己的表演達到至善至美的方法的話，那麼劇團經理就是為受她的脾氣而拿薪水的。

有效的管理者從來不問：「他跟我合得來嗎？」而問的是：「他能做什麼？」所以在用人時，他們善於發現別人某一方面的傑出之處，而不看他是否具有人人都有的能力。

知人所長和用人所長是合乎人的本性。事實上，所謂「完人」或者所謂「成熟的個性」，隱含著對人的最特殊的才能的褻瀆。人的最特殊的才能是：把他所有資源都用於一項活動、一個專門領域、一項能達到的成就上的能力。換句話說，所謂「完人」的概念，褻瀆了人的卓越。因為人只能在某一領域內達到卓越，最多也只能在幾個領域內達到卓越。

當然，世上確有多才多藝的人，我們通常所說的「萬能天才」指的就是這些人。但真正在多方面都有造詣的人幾乎沒有。即使是達文西也只不過在繪畫方面造詣較深，儘管他興趣廣泛；如果歌德的詩沒有留傳下來，那麼他所有為人知道的工作也就是對光學和哲學有所涉獵，但恐怕不見得能在百科全書上見到他的大名了。偉人尚且如此，我們這些凡人就更不用說了。除非一個管理者能夠發現別人的長處，並設法使其長處發揮作用，否則他就只有看到別人的缺點、別人的短處。用人只用別人的短處，只用別人的缺點是對人才資源的浪費，是誤用人才，說得嚴重是虐待人才。

發現人的長處是為了要求成果，一個管理者不先問：「他能做什麼？」那麼就可以肯定，這位管理者的部下不會有真正的貢獻。這等於他事先已經原諒了他的部下的無成果，這樣的管理者成事不足敗事有餘。真正「苛求」的經理——事實上懂得用人的經理都是苛求的經理，總是先發掘一個人最能做什麼，再來「苛求」他做什麼。

老想克服人的缺點，組織的目標就會受挫。所謂組織，是一種工具，專門用來發揮人的長處，並中和人的短處，使其變成無害。能力很強的人不必參加組織，也不會想參加組織。因為他們獨自完成會更好。而我們絕大多數的人，沒有許多長處，不可能憑僅有的長處就能奏效，更何況我們還有許多缺點。

研究人際關係學的專家有一句俗語：「你要雇用一個人的『手』，就是雇用他『整個的人』，因為他的人和手是在一起的。同樣，一個人不可能只有長處或短處。我們可以這樣籌畫一個組織，使人的弱點只是他個人的瑕疵，被排除在他的工作和成就之外；我們可以這樣籌畫一個組織，使人的長處能得到發揮。

一位優秀的會計師，自行開業時可能會因為他不善於與人相處而受挫折；把他放在組織裡，我們就可以使他發揮會計業務之長，並把他的不善於與人相處之短排除在他的工作之外。

五、適當分配工作，提高效率

公司之所以有不當的工作分配，一方面或許由於對員工的投資不對；另一方面，組織中許多工作分配，都以現有的空缺和員工是否能立刻就職為依據。像這種不考慮人員個別的特性，而隨機分配的做法，非常容易使工作缺乏效率。

有些公司的政策，甚至排除了正常分配應有的過程。例如，公司可能要求調職的員工，從他們現在所屬部門的基層，重新做起。工作分配的決定，可由各部門經理做自由選擇，所以，基本上並不一定是組織上的問題。然而，由於傳統的人事或團體，在最終分配決定上所扮演的角色日趨重要，許多大公司中，分派工作已形成一個特殊的行政參謀機能。許多小公司，亦朝著此方向漸漸改變。所以分配工作在本質上，應該是有組織性的。

公司經理分配給員工的工作，不能配合其能力的情形很多。例如，缺乏專業知識、員工的健康或個性不能承擔其工作、勞心與勞力者工作的分派錯誤等。此處，工作分配的錯誤，也包括了某些社會因素。例如，員工可能被派遣到外地工作而遠離親人，或許因為員工的離鄉背井，而產生了家庭問題，使其不利。

如同經理分配一批員工到新工作的情形一樣，有時候，其他因素的重要性，還超過分派工作，所以經理並非總有足夠的時間去實現分派的決定。例如：機械設備汰舊換新時，生產線上的空缺，就需要大量的勞工支援。在更新設備之前，將冒著低效率的風險。迅速地調職使員工沒有充分的時間去學習，因而缺乏效率。但若能提供員工足夠的培訓和相當的自由，必能減少大部分的調職衝突，而且能提高效率。

六、根據員工的自我考核合理用人

☑正確看待員工的自我評價

近來有不少日本公司建立了員工自我評價制度，作為人事考核時的參考。這是讓職員針對自己的企業提案能力、業務執行能力、領導教育能力、個別專業能力等做具體性的評分，並藉此制定今後努力的目標。

員工做過自我考核之後，再由經理做二次考核，這時經理可以發現一個有趣的現象，那就是大部分員工對自己的評分不是極端地高，就是極端地低。能做出由第三者來看也覺得恰如其份之自我考核的人，實在少之又少。

這時經理往往會對自我評分較低的人抱有好感，或許是因為日本人傳統認為謙虛是一種美德的所致。至少，這樣的人在經理心裡的評價會比那種宣稱自己能力極佳的人高。但這一點其實需要再深思，誇張一點地說，那種自己給分過低的人，其實是比自己給分過高的人還潛藏著更大的問題。

所謂自己給分過低是指什麼樣的情形呢？

⑴能力的確差人一等，而且本人亦有所自覺。

⑵認為比起自我評價過高，還不如評價過低比較不會讓人說話。

⑶本有能力，但是因自我要求不太高，所以給自己偏低的評價。

屬於⑴的人雖然能虛心地自覺能力不足，卻常常缺乏向上進取之心。實際上，對自己的評價過度謙虛的人，通常都不夠積極，和屬於⑵的人同樣都抱有多一事不如少一事的想法。

至於⑶則真的是品格高尚得有點不合現實的人，現實中也的確很少存在。

反之，自我評價過高的人則可分為以下幾類。

(1)的確相當具有能力，本人也以此自豪。

(2)雖然沒有那麼好的能力，但本人自認能力不錯而自負。

(3)因不服輸之個性使然，進而給自己過高的評價。

☑讓自視甚高的人奮發向上

近來年輕人自我評價過低的比例有偏高的趨勢，這也是令人煩惱的。現在的年輕人往往不想勉強自己去試能力以上的事，而「令人煩惱」的，就是指這樣的年輕人多半令人感覺有氣無力、安於現狀或令人掃興。比較起來，那種自尊心過強、凡事不服輸的人，反而比較有向上進取的潛力，並能建立經理與部屬之間良好的溝通。

曾有過這兩種類型的部屬：那種自我評價甚高的部屬，往往是個性高傲、自信十足之人，他們確實有不太聽話的時候，可是如果尊重他們，並給予激勵，和他們的溝通將會有意想不到的成效。

如果一味地批評某人自我評價過高，那只會引發爭端，若是能毫不吝惜地說「我也給予你很高的評價」，這種自視甚高的人將會奮發向上，有不負眾望的表現。

「如果你自認可以得A，就再加強一些專業知識吧。」

「就你的能力來說，可能還得加把勁。」

就算是這種略帶指責的說辭，只要不傷到他們自視甚高的自尊，他們還是會以積極的心態接受，而他們給自己打的高分數，也就變成他們自己努力的目標了。

不能好好掌握這一點，經常和這類個性高傲的部屬針鋒相對的經理還是相當多的。大體而言，因為能力強的部屬往往有其獨樹一格的看法，在經理的眼裡，這種人是不可愛的。不可愛的的傢伙總是不會乖乖聽從經理的指示，當經理因此而以自己的好惡待他們時，他們必定會有所反駁，結果雙方的對立情勢便愈演愈烈，彼此看不順眼。在工作場合中經常可見的水火不容現象，多半是源自這樣的因素。

大部分公司中也有不少從早到晚互不相容的經理與部屬，而且以個人能力而言，都是相當優秀的。如果一開始就能以正確的態度友好相處，大家必定能心情更愉快，效率更好地工作，這實在令人惋惜。

經理對於所謂不可愛的傢伙，或是想法、立場與自己不同的人應設法善加引導，這也可說是經理的職責之一。而首先要做的就是得尊重他們的自尊。相信這麼做之後，仍然對你責怪的人應該是不多的。

☑温馴順從的部屬才是公司內的大問題

對於不可愛的部屬容易意氣用事地給予嚴厲的批評，而對於溫馴順從的部屬則比較放任，這其實是人之常情。只要是不會反抗自己，不會威脅到自己的地位，並且能照自己所言行事的「安全部屬」，無論是誰都會以和氣的態度來對待。所以安全的部屬就等於可愛的部屬，也等於能夠配合自己的部屬。

可是對於這樣的部屬，為人經理者反而要更具備危機意識才是，因為這些人通常自我評價不高，實際能力亦不佳，套句老話，他們就像是「不請假、不遲到、不工作」的人一樣，都是一群不能說好但也稱不上不好的人。

公司組織必須先認知到這樣的人其實才是公司裡的大問題，如果這些人還只是初出茅廬、尚在實習中的二十多歲的人，倒還不至於帶來什麼嚴重的影響，但等到他們三、四十歲變成支撐整個公司的中堅，就會出現嚴重的問題。

通常能夠領導公司的精英人才，約占了全公司職員人數的二十%，剩下的成員中，六十%是屬於那種優缺點正好相平的平凡人，另外的二十%則變成公司的包袱。那種個性高傲，不願服輸的人，有不少可歸於領導精英的二十%之中，但是表現平平的人則幾乎不見於這群人中。除此之外，有些人年輕時因為溫馴順進而深受經理喜愛，到了某個年齡之後卻處處暴露出無能，因此讓經理深感苦惱。

在泡沫經濟的二十世紀九〇年代初，不少白領管理階層受日本產業界的企業重整與流程改造所苦，這當中有不少是那種表現不好不壞的經理，為了避免類似的悲劇再度發生，經理必須更加注意觀察那些自我評價態度保守，向來自律不招搖的人。

具體來說，可從下面幾點來觀察對待他們：

◇除了個性認真、率直、誠實等優點外，是否具有其他特質？

◇是否具備創業家的野心、衝勁？

◇是否具備獨立的專業能力？

其他諸如待人態度良好、脾氣好、工作態度良好等優點當然是有比沒有好，但是這樣就感到安心的話，只會培育出一堆無法獨當一面的人。

七、有效地管理企業內部的人員流動

員工被應徵進來，他們在組織內部的流動——調動、工作安排、提升和降級——其能力的發展必須要適應公司的需要，同時，他們要滿足自己的職業抱負。

我們現在要討論管理內部流動的關鍵考慮：人員流動的速率，人員表現有效性的評估和衡量，以及人員技術和能力的發展。這些問題中的每一個都必須從它對組織有效性和對人員、社會福利的影響的角度來考慮。

☑定義和評估員工的有效性

管理人員在組織中的流動，要求經理對於應徵和員工的潛在的有效性做出持續的判斷。錯誤判斷的後果是員工個人的失敗、從員工差的表現中產生的直接成本以及錯過了提升有潛力的員工的機會進而帶來的長期成本。

低劣的人事決策，會使一個組織沒有足夠的後備人員來填充從提升和退休中產生的職位空缺。盲目的個人判斷所累積的結果最終將損害組織和其下屬機構達成其策略和經營目標的能力。

挑選員工和評估其有效性時，最大的一個問題是該過程的主觀性質。除了教育、在學校中的表現以及特定的技術性技巧之外，那些被認為是表現的重要方面的特徵是非常難以衡量的，動機、合作、作決策的能力、創造性、在壓力下工作的能力、發展的能力以及監督的能力。甚至在試圖就一個求職人員是否具備一定的品質做到客觀評價時，一位經理也是從他自己的個性及以前的經驗和價值觀出發來觀察的。

經理們傾向於按自己的形象來雇用人。雖然這種方法能保證老闆、下屬之間關係的平滑，但是，它不能保證有效性，尤其在選擇過程中加入了偏見的話——氣質、打扮、社交風度等等——在現實中和有效性無關。因為經理的價值觀和偏好被組織的文化微妙地塑造著，組織中的潛在的系統偏好是很高的。

在最好的情況下，選擇和評估方法衡量行為和潛力的能力以及它達到客觀和公平的測試能力都並非完美。這就意味著，應該把更多的注意力放到選擇和評估的過程中，與它是如何根植到較大的組織中，以及人員在該過程中的影響程度上。這樣的影響是由這些過程而來的，人員參與有效性的定義過程，直接參與評估預期的職員、自己的同事和老闆。

傳統上，人員的有效性是完全由管理層定義和評估的，然而，與人員商量能給經理一個機會，使他們能用相關的訊息改善自己的判斷，並且改善人員對公平的感覺。有了這樣一些觀念，我們現在就能前進到在管理選擇和評估過程中必須提到的兩個主要問題的討論上去，什麼是有效性，以及有效性如何被評估？什麼是有效性？該問題必須在兩個分析的層次上被提出，一個人被賦予的職位，以及那個職位所在的組織文化。

除了一些藍領的、文書性的和技術性的職位比較容易定義外，對找出工作成功這個需求，注意力還給得很不充分。因此，典型的規章要求是一定的學院背景和工作經驗。這些規章有容易衡量的特點。不幸的是，它們可能是不相關的。大多數的選擇過程，尤其是那些針對高層職位的，傾向於更多基於一般的條件和主觀的評估，而不是客觀的評估所定義出的特徵。

對職位責任做一個清晰的表述也不是完全有用的，因為這些東西不是總能被轉換成個人必須掌握的技巧、能力和知識。考慮改進選擇和提升決策的經理，在指明職位的各任務部分和把它們轉換成展開工作所需的特定技巧和知識時，必須投入時間和精力，而這兩者都是相當昂貴的商品。人事部門能對此有所幫助。但是，如果對有效性的定義結果確實與組織的任務相關，經理則必須被包含到定義過程中來。

有效性，尤其管理性的職位上的有效性，也是組織文化的一個職能。隨著時間的流逝，許多特點和做事的方法變得由組織來評估了，並且，在選擇和提升的過程中被有意或無意地考慮進來。總經理必須試圖儘量清楚地定義什麼樣的個人特點是被欣賞的。

按照公司經理們下的定義，人事專家推出一項很有幫助的研究，該研究對有效的和無效的表現者加以區分。這個研究過程使經理能去檢查那些特徵與經營策略和組織有效的相關性，以及幫助他們辨認出識別無關的偏見或重要的忽略。它也使高層的經理可以判別他們的哲學是否在人事決策中被充分體現，並且，在不是這樣的時候就採取適當的行動。

有效性如何被評估？組織面對著兩組評估難題：評估預期中的和現在的人員。即使有效性已經被足夠地定義了，管理層還必須評估個人在何種程度上擁有特定的特質。最普通的方法是，雇用和表現評估面談。因為兩種方法看起來都受偏見的影響，因此，他們還要由其他的方法來補充：

◇結構性的面試。

◇由許多經理或評估者展開的績效評估面試。

◇將得到的特徵列成清單，作為雇用和績效評估面試的指導。

◇書面進行的能力、智力、人品和興趣方面的考察。

◇由精神分析人員和諮詢人員作的醫療評估。

◇內部指導的評估中心和績效測試，讓個人在模擬的條件下執行任務。

這些方法構架了評估過程，使收集到的訊息比單獨進行雇用和評估面試時得到的訊息更可靠和更有效。

☑員工職業發展

總經理需要考慮的問題之一是，如何以與公司的需要相符合的方式，來刺激和指導一個本質上是屬個人發展的過程。有的公司制定職業發展計劃的集中化程度很低，另外一些則選擇了集中化，並且控制了可能傷害個人選擇、成長和職業滿足感的過程。最有效的過程是，由總經理來創造一種環境，鼓勵員工按照公司的需要相符的方向發展，但是又不在任何個人的發展上過分干涉速度和方向。

職業發展過程涵蓋了一系列的經歷，促使個人去學習新的知識、態度和行為。透過這個過程，員工就能決定自己是否具備精通工作所需的能力。如果不具備，他們就會得到反應，指出他們選擇的職業方向不正確。

如果他們確實掌握了新的事務或是工作，隨之而來的成就感會肯定其職業方向的選擇，並且只要以後的經歷繼續令人滿意，該方向就會維持下去。當然，員工必須在其職位上待得夠長以獲得一個結局，這樣才能看到自己努力的結果。當公司中運作的速率過快時，這種情況就不太可能發生了。

應該明白的是，最重要的發展經歷是工作和任務上的經驗。在公司所用的混雜和眾多的發展工具中，這個事實並不是總會被反映出來的。教育和培訓往往並不是為緊隨著要完成的特定任務而展開的，當工作經歷促使個人去學所需的知識，並且，當它們還伴隨著對自己表現的反應，以及某位受尊敬的領導做出的評論時，教育和培訓看起來效果最好。

當公司緩慢的成長使得把提升當做一種提供增長體驗的方法不可行時，使工作更豐富對工作重新設計以使其包括更多的責任——將被廣泛地用來刺激發展和降低成本。豐富化通常被用在傳統藍領階層的工作上，但是，它也可以用在中層管理上，在這裡，太多的職位和層次已經增加了成本，減少了機會。缺少晉升時，同級調動也是另外一個為發展和成長提供機會的方法。

第二節 放手任用有一技之長者

一、充分授權給員工去進行改革

談起改革，大家自然會想到某個具有非凡魅力的領導者運作所帶來巨大變革的行動，似乎最高領導者的親自指揮是進行改革的必要條件。然而也有一些組織進行的大變革並非由最高領導者親自指揮的，而是由一個被授予職權的人進行的。北歐航空公司董事長卡爾就曾以這種方式進行過一次大的改革。

當時，北歐航空公司面臨危機。北歐航空系統的種種陳規陋習嚴重阻礙了公司的發展。卡爾董事長決心進行一次大變革，把北歐航空公司改造成歐洲最準時的航空公司。目標一旦定下，下一步就好辦了。到底應該怎麼做呢？很明顯，如果自己有一套確實可行又十分有效的措施，就按照自己的措施施行，如果沒有一套有效可行的措施，就設法找到一個能夠進行這種變革，達到既定目標的人。現在的情況是，卡爾自己沒有想出更好的辦法。因此他決定找一個合適的人選，透過合理的授權，讓部下找到一個能夠達到既定目標的最佳途徑。

卡爾是一個好伯樂，他果然找到了一個合適的人選。在一個風和日麗的日子裡，卡爾專程拜會他，以提問的方式敘說：「我們怎樣才能成為歐洲最準時的航空公司？你能不能替我找到答案？過幾個星期來見我，看看我們能不能達到這個目標？」卡爾深知管理的藝術何在，如果他告訴那個人應怎麼怎麼做，並且規定只能花兩百萬美元，那麼，在規定的時間內，那個人一定無法圓滿的完成任務，他會在期滿後過來說，他認真地做了，有一些進展，但仍要再花一百萬美元，而且完成任務的時間可能會在三個月之後。精明的卡爾並沒有這麼做，他是運用提問的方式讓對方自己尋找答案，拜會回去後就不用再思考這件事了，他的合適人選正在苦思冥想，力圖找到答案。

他找到了答案。幾個星期後，他約見卡爾，說：「目標可以達到，不過大概要花六個月的時間，而且要用一百五十萬美元的鉅資。」隨即，他向卡爾說明了自己的全套方案。對於他的回答，卡爾甚為滿意，他原本要花的錢大大高於一百五十萬美元。他就讓他的合理人選去認真地實施方案去了。

大概在四個半月之後，那個人請卡爾來看他的成果如何。自然，卡爾的目標已經達到，北歐航空公司已經成為全歐洲最為準時的公司，更為重要的是他又從一百五十萬美元的經費中節省了五十萬美元。至此，卡爾甚為得意，他進行了一場大的變革，而且還省了好大的一筆錢。卡爾的管理才能可謂高矣！

二、剔除庸才，任用賢能

義大利奧利維公司是世界電子公司的八強之一。奧利維生產的辦公自動化設備佔有歐洲市場份額的四十五％，全球市場的二十五％，每月的銷售額高達五十億美元。奧利維公司能有今日的成功，應當歸功於貝內德，他被譽為歐洲最佳的企業家。正是貝內德蒂使這家曾經面臨破產災難的企業恢復生機，走上了成功之路的。

一九七八年，義大利奧利維公司債務累累，入不敷出，每月的虧損竟高達八百萬美元。正是在這個時候，貝內德擔任了奧利維的董事長。上任開始，他首先認真、慎重地剖析了公司高層領導的決策、管理中存在的大量失誤，發現領導成員的任務不清，職責不明，功過不分。因此，有一些人產生了混日子的心態，不思進取。這正是奧利維的癥結所在。

貝內德大刀闊斧地整頓起來了。他首先先剔除庸才，撤換那些不考慮企業現狀與未來發展卻只關心自己職位的公司高層領導；同時又提拔賢能，從通技術懂管理的人才中，精選出富有能力、魄力和膽識的人，為這些人才安排恰當的職位，明確他們的責任及工作目的和任務，讓他們承擔重任。

這兩套策略，效果顯著。這些新提拔上來的人形成了企業裡的一支中堅力量。他們年輕力強，精力充沛，勇於開拓進取，而且精於生產，通曉業務，具有一股為實現目標而頑強奮鬥的衝勁。在這股中堅力量的支持下，貝內德想盡辦法籌措資金，更新設備，提高技術水準，大大增強了企業的實力和競爭力，果然奧利維的經營業績日趨增長。

正是貝內德的兩套策略，使公司內部形成了一股發憤圖強，艱苦創業的精神，奧利維才得以跨入世界八大電子公司之列。公司在與世界許多知名企業建立了業務關係，又推出了全新的「國際銷售策略」之後，朝著更高的目標邁進。奧利維的天空一片蔚藍。

三、勸退阻礙變革和創新的資深主管，大膽任用有才能的年輕人

有不少的公司都很重視員工的資歷，希望員工有較高的學歷、豐富的工作經驗。

當然有一定資歷的人員對企業有很大的作用，一般而言，資歷高的人總伴隨著相對的能力。然而，資歷並不直接代表能力，也有很多資歷不高卻能力出眾的年輕人。

有時，高資歷反而成為人才發揮自己才能的一大障礙，因為這些人自以為是。因此，企業選用人才應該以資歷為參考，以能力為依據，建立起一套評測人才的方法，不能以資歷作為惟一重要的標準。

美國鋼鐵公司是美國鋼鐵工業的老大，可是很早就百病叢生，只是因為市場供不應求，才得以繼續生存，到一九八二年，公司陷入困境，弊病充分暴露出來了。原來，美國鋼鐵公司選用人才時過分注重資歷。各分廠的監督人員一般要在五十五歲以上，資深主管要在六十歲以上。即使是最精通業務的人員，也必須在某個崗位上工作五年以上才能出任小廠的廠長。若想在這家公司出人頭地，難如登天。

年長的主管制定出一套陳規舊章，不思變革，阻礙年輕有為者升遷，給公司的發展造成了很大的障礙。在美國鋼鐵公司的年輕管理者只得耐著性子，止步不前。更為甚者，公司的生產主管，狂妄自大，唯我獨尊，完全由他們對公司的經營作決定，推銷人員無權過問。這些生產主管不關心產品品質的提高，把「顧客至上」的信條拋棄不用，他們受到各方的批評。同時，改革計劃在軍事化管理制度的影響下難以執行，資深主管不願接受批評，其他主管人員不願承擔責任，毫無企業家精神，如要增設小煉爐，他們也不願做主，都要請示上級。正是在這一系列問題的影響下，公司最終陷入了困境。

在一九七九年上台的大衛・羅德里董事長，一開始便注意到這些問題。當公司在一九八二年陷入困境，每賣出一噸鋼鐵便虧損一五四美元的情況下，決心進行變革。於是他請來了格雷厄姆。

格雷厄姆是個經營奇才，在美國鋼鐵業界享有盛名。他善於以各種新鮮的經營方式克服企業的大危機。針對美國鋼鐵公司的弊病，他決定使用其絕活，一方面裁員，一方面提拔年輕有為者。

格雷厄姆裁減了大批自以為是，以老賣老，狂妄自大，卻一事無成的資深主管，進而消除了推行改革的障礙。透過提拔年輕人才，使員工具備了敢於負責的優良品質。在裁員的過程中，格雷厄姆廢除了四至六層的管理階層，使組織機構大為精簡，累贅重疊的組織機構消失了。

一九八五年，他將中央研究機構的人員從五百名減至三百三十名。另外，格雷厄姆又將負責廣告的人員從三十人減至五人，並解散了外銷拓展部門和經濟預測小組。

因為格雷厄姆認為，廣告對增加鋼鐵銷量沒有太大的作用，後兩個單位也沒有實際的意義再存在下去。

格雷厄姆的改革清除了美國鋼鐵公司的陳規舊習，為年輕有為者施展才能提供了廣闊的空間，員工的工作積極性大為提高，市場佔有率迅速回升，公司業務快速擴展，取得讓人羨慕的業績。

格雷厄姆成功地挽救了美國鋼鐵公司。在多數鋼鐵業巨頭要為提高效率設法籌集數以百萬計鉅款的希望很渺茫時，他不費分文便使公司的生產效率大為提高。

格雷厄姆的成功之處在於使用有才能的年輕人，清退阻礙變革和創新的資深主管，透過激勵經理和員工，使生產效率大幅度地得到提高。

四、改進領導方式

大衛・麥克寧擔任著圖羅公司的主席和主要行政官員，是戶外維修設備的製造商和銷售商。當麥克寧作為一名三十九歲的總裁於一九七〇年加入圖羅公司時，這家企業以製造割草機而聞名，年銷售額大約是五百七十萬美元。在之後的十年內，在麥克寧的領導下，圖羅公司的形象和市場發生了戲劇性的變化。

一九八〇年，銷售額突破三千七百五十萬美元。麥克寧委派下級開發除割草機以外的新產品，例如雪花噴射器和自動灌溉系統。他把圖羅公司劃分為四個新的部分，國際部、消費者部、灌溉部和社會產品部（創立結構的例子）。另外，麥克寧吸收年輕的管理人員到公司裡來，並且建立鼓勵產品開發和發展的獎勵制度。

圖羅公司對麥克寧的領導方式作低調反應，而不熱烈。他稱之為「著手方法」。對細節都一絲不苟，麥克寧說：「我比大多數人更細緻地深入操作現場，當做出一個大決策時，我盡可能地在後面附上我能夠用上的知識。」

麥克寧喜歡在早上八點以前到達辦公室。他親自開車上班。他說使用司機「不是我的方式，太奢侈了。」十或十一個小時以後，他離開公司回家，同時帶著大約一個半小時的工作份量回去，他認為時間是最大的問題，每天早上的時間——有時是五點三十分——完成某些特別工作最為理想。

圖羅公司也變成一個很大的公司，因為麥克寧在下屬面前代表權威，給予他們責任感，推動他們，讓他們形成一種觀念（體諒人情的例子）。就麥克寧和職員的關係發展而言，他認為這是一種尊敬，而沒有達到他的願望，他不是一個專制的領導人，但是表現出強烈的領導欲（創立結構）。當他對某事感受強烈時，他就表達出他的觀點。他說，如果人們有不同的意見，就毫不猶豫地反對他。「有許許多多的爭議我都不能贏。」他意識到，尤其在管理方面，在爭議中採取強硬態度是不健康的。

麥克寧在大學裡踢足球，他說就是在那個時候，他加強了他的競爭意識，學會接受失敗，開始明白「因為你必須依賴其他人，所以你最好將自己和球隊緊密聯繫在一起。」（體諒人情的一個例子）實際上，他認識到他的管理系統需要一個更體諒人情的領導人來平衡。正是因為這個原因，他雇用了傑克・卡圖。卡圖已經通過了他的考查，並且被圖羅公司其他職員認為他是一個樂於幫助年輕的管理人員，及提高決策能力的人。

從麥克寧的經歷中我們能學到什麼？第一，很少有在各種情況下都能運用一種方式的領導。在圖羅公司，不同的情況要求麥克寧運用不同的領導方式。第二，當麥克寧意識到自己的領導方式不是在所有的情況下都有效時，他雇用了卡圖。卡圖的領導方式是對麥克寧的一種補充，他們也取得擴展圖羅公司在二十世紀八〇年代的成功。

保持員工的團隊精神

一、果斷消除「帕金森」效應

企業在發展過程中，往往會因業務的擴展或其他原因而出現被稱為「帕金森」效應的現象。這種「帕金森」效應的結果使得企業的機構迅速膨脹，資源浪費，員工積極性下降。這一切都起始於企業用了一些無用之人。

這些庸人會滋生很多給企業帶來麻煩的事。為了避免出現問題，企業要設置新的機構來化解，因而機構會不斷膨脹。同時這些人不僅浪費了企業的一筆用於支付他們工資的資金，而且大量地浪費了企業的資源，給企業造成很大的損失。

他們還阻礙有才能的人發展，使後者積極性大大衰減，企業的效率由此下降。往往很多企業都有這種「帕金森」效應，讓企業家大傷腦筋。世界聞名的企業家艾科卡有一套對付帕金森效應的辦法。

美國第三大汽車公司——克萊斯勒汽車公司在七〇年代出現了大量的問題。艾科卡來到這家聞名於世的大公司時遇到了很多困難，公司人事浮動，管理混亂，秩序散漫。員工似乎都是恐慌不安，士氣不振，人們忙碌無章。

整個公司中，沒有形成一支陣容整齊的隊伍，似乎沒人知道隊長是誰，像群烏合之眾，濫竽充數者大量存在。公司機密被大量洩漏，經營每況愈下，克萊斯勒一蹶不振。而在公司的高層，每個副總裁都有自己的勢力範圍，不存在真正的管理機構，人人各自為政，缺乏溝通與對話。

艾科卡清醒地知道，這就是「帕金森」效應，要對付它，只有精簡機構，開除無能之人。上任之初，艾科卡就對克萊斯勒的管理下猛藥。在三年多的時間裡解聘了三十三位副總裁，而整個公司只保留三十五位副總裁。可見，艾科卡的這個猛藥下得有多大。下一步就是大裁員。

一九八四年四月，艾科卡一次辭退了七千名員工。在此之前的幾個月中，就已辭退了八千六百名員工。被解雇的員工既包括高層經理，也包括工廠人員及辦公人員。這兩項大裁員，使克萊斯勒每年節省數億美元的開支。大裁員以後，克萊斯勒公司的行政管理人員也大為減少，管理層次也得以精簡。

在完成裁除冗員的動作之後，艾科卡啟用精幹的人才，大力提拔才華橫溢的年輕人。他們雖然身處公司基層，卻充滿活力，朝氣蓬勃，極富個性，敢於挑戰和創新。這樣的人在企業中能起中流砥柱的作用，能團結周圍的人共同向成功的方向努力。艾科卡正是要依靠這些人幫助公司擺脫困境。

經他整頓後的克萊斯勒公司舊貌換新顏。一九八三年盈利九．二五億美元，創下歷史最高記錄。艾科卡也使一個危機四伏的公司重獲生機。

二、堅決切除「惡性癡呆腫瘤」

一位汽車公司的女士說：「一次我們不得不關閉一家工廠，但我們提前六十天就通知了員工。我們發現在最後一個月生產效率得到了真正的提升。你善待別人，別人也會善待你的。」

康乃狄克州某個雜貨商店的史度．里昂納那多也在聽眾裡，他問：「企業快速發展的時候，你怎麼做到平等對待員工，並保留企業的文化呢？」「做不到。」她回答。「我們發現不能一下子找到五十個員工，告訴他們公司的文化，並期待他們努力工作。無論我們做什麼也是不可能。這五十個人之中，總有幾個害群之馬。如果留了他們，他們會影響別的人。」這時，蘋果電腦公司的查克站起來說：「我們稱他們為『惡性癡呆腫瘤』。」

「這是什麼意思？」很多人問道。

「在蘋果公司，我們用『惡性癡呆腫瘤』來形容害群之馬。這是因為他們的消極態度會影響到別人，最好把他們從公司裡剔除掉。」

怎麼辨別這些腫瘤呢？非常簡單。不相信公司核心的原則、口號、領導方式、作風的人，態度一般都不會好。患有這種毛病的人，有的能改過來，但你不能等得太久。毒瘤越大，危害也越大，不管它是透過財務管理還是人員管理，都必須儘快得到解決。

對付這種惡性癡呆腫瘤只有一種辦法，就是在它還沒有擴散之前拿掉它。

這種病症反過來也有好處。像人們會受到負面影響一樣，如果有一位快樂、富有創意而又努力工作的領導者，員工們同樣會受到影響。因為積極的領導人也有感染力。

三、透過裁員來使公司提高效率

二十世紀七〇年代是一個大危機的年代，很多世界知名的大公司也危機頻傳。一九七四年，在過去的幾十年中經營狀況一直很好的德國大眾汽車公司出現了高額虧損。更為糟糕的是，一九七五年，虧損加劇，以致這家譽滿全球的大企業陷入了幾乎崩潰的絕境。最終，一個人阻止了大眾的崩潰，他就是斯韋克爾。

斯韋克爾上任後，採取的第一項措施就是大裁員。他使大眾公司的員工從十一萬二千人裁減至九萬三千人。斯韋克爾為什麼要這麼大刀闊斧地裁員呢？因為，他對公司進行全面分析之後，發現公司經營困難的最主要的原因是企業機構冗員，內部人員過多，給企業造成了巨大的阻力，而世界範圍內的石油危機只是一個次要的引發性的原因。斯韋克爾下定決心，要透過大裁員來使公司提高效率，轉虧為盈。

透過大裁員，斯韋克爾使公司的內部機構和各級領導成員大為精簡，那些毫無業績，成績平平的領導和管理人員被裁撤，而那些爭權奪利的人被徹底解雇，因為他們給企業的生產造成了巨大的內耗，導致企業的生產效率大為下降。

斯韋克爾成功了。他的大裁員的「鐵腕」作風使大眾恢復了元氣，走上了穩定的發展之路。經過裁員，減少了中間環節，使訊息傳遞暢通，工作效率大幅度提高，而且公司的費用開支也大為縮減。大眾保留下來的都是一些精幹的領導成員。實際上，在一九七六年，大眾公司已經轉虧為盈，實現了十億馬克的利潤。

在如今這個科學技術日新月異、技術進步一日千里的時代，精進的人員已成為企業追求的目標，龐大的機構和人員則是企業出現問題的原因，精明的經理人，一定要認真借鑑大眾大裁員的經驗。

四、避免無形的人事浪費

公司出現以下問題是經理缺乏遠見和管理才能的表現：

(1)許多目前不足以擔當大任的的人被提升了。經常有人認為，一個人如果不能晉升，他就會離開公司。還有些人進了公司，卻坐上他們無法勝任的位子。

(2)公司當局產生一種心態：「我們不敢對員工要求太高，因為他們不好應付。如果我們要求太多，他們便會掛冠離去，到時候，我們還得花時間與金錢去找人來替補，找來的人未必就比較好。就長遠來看，我們還會有損失的，倒不如保持現狀比較好。」

有時候，做得不夠或應該做的做不理想，並不是個人問題。經理人可能實施了值得懷疑方案，同等於聘用了多餘的人手。或者，他聘用人來做自己份內工作較單調部分，而讓自己有時間去做喜歡做的事，而他也自認為這樣做比較適合。問題是公司為什麼允許這種做法呢？

有個觀念導致公司麻木不仁，那就是「好人難尋，他畢竟熟悉自己的工作，因此，如果我們想留住他，最好還是容忍他有點過分的行為。」另外，可能是因為業績良好，沒有人會留意到這個人在做什麼，因為他們忙其他事情，更糕的情形是，他們一點都不在乎。

還有一種可能性，就是有一些經理人瞭解上述情況，而且他們也明白自己處於「求過於供」的市場。他們發現，不要花心思在艱鉅的管理任務上面，他們會過得比較愉快些。最好的情形就是經理人全神貫注於自己的事業，同時也理解，自己會很快爬到更高的職位。因此最好不要出什麼錯誤，例如把公司的人事搞得一團糟，免得玷污了過去的表現。

另一種內部的散漫也助長了人事的自肥。一個基本的概念是，公司在生存與成長建立於損益表基礎上。高階層經理普遍都重視這個概念，但是整個龐大而複雜組織的各級員工，卻往往忽略了或不能體會其重要性。許多人覺得公司的損益狀況，對於他們來說太遙遠了，並且不想為它多費心思。

在業務狀況長期良好，或儘管公司已察覺到效率欠佳、損益狀況卻仍然一年比一年好時，一般人更容易有如上述想法。但是，員工和公司損益之間的關係，是分不開的。如果這種關係被忽略了，人事自肥問題的滋生，只是時間的早晚而已。

很多公司的計劃都以活動而非以目標為導向。

制定活動計劃要比在預定的時間內確立特定目標容易多了。例如，企業應當實施一個有明確目標的促銷活動，而不是應當做一個例行公事的促銷活動。不幸的是，活動會耗盡一個組織的活力，卻毫無收穫。

公司如何避免滋生冗員的狀況呢？

◇要正確認識人員氾濫的情形，找出真實的原因。

◇經理人必須體會到，目前正是採取行動的大好時機。公司必須裁撤冗員，才能吸引住更好的人才。現在就是清理門戶的好機會，好的人才不會憤而離去，特別是公司的做法合情合理時。

「每個人都這樣做」的陷阱很重要的，以下的觀念是一個很好的例子。

很多人認為，要吸引優秀的人才到公司來，需要為他們描繪一幅令人興奮的藍圖，而藍圖其實是不存在的。他們也認為，所有的人都極關心辦公室的裝飾，包括他們坐在哪裡，職務是什麼，頭銜如何稱呼。

事實上，很多人是如此，但也有很多人不是如此的。仍然有很多人希望他們有機會發揮潛力，希望有機會自我成長，同時想要以優良的表現來獲得很高的報酬。如果報酬很好，而他們又理解到自己在公司穩固的地位，便不至於稍受誘惑主動離開公司。這些人忠於公司，是企業真正的人才。

儘管良才難求，公司還是要檢討一下「為未來儲備人才」這個觀念。富有潛力的員工被儲備起來，如果對他們沒有挑戰性的要求，他們就不能獲得足夠的成就感。而且，太多的日子耗在無聊的瑣事上，也會讓他們感到失望，甚至絕望。

良好的公司經營哲學，不只是經營好公司的外在形象，而且應當安頓好內部的環境。這種哲學應該反映一個信念，就是組織內的每一個人都應該為公司的利潤盡一份責任，同時也應建立一套如何讓員工分擔責任的制度。

已經解除人事「自肥」困境的公司，必須防止事情再度發生。公司對此保持警覺，是明智之舉，因為公司經營良好時，誰也沒有時間去研究人事「自肥」的問題。

風水總是輪流轉的。公司會有風光的時候，也會有面臨挑戰的時刻。能夠利用現有機會的公司，不管時機的好壞，都能夠獲得足夠的競爭優勢。

那麼到底要怎麼裁、裁多少、標準在哪裡？

事實上並無定論，這要視各企業所定的「最適合規模」的基準而定。通常企業會以大事成本、營業額、用人配置以及人力素質的角度來進行裁減計劃。

(1)人事成本考量。一般企業人事費用約占總支出成本的十%到二十%左右，如果超過此標準，企業就得精簡，以降低用人成本。

以某知名企業為例，該公司原有員工接近二千人，每年人事費用高達十七億元，而其公司每年虧損七億元。依此推算，若能把人事費用降低至十億元的話，則該公司就能持平。由此逆推核算，必須裁減六百五十名人員，所剩下的一千三百五十人就是該公司所認定的最適合規模。

(2)營業額考量。有些公司在裁減過程中，首先會找到一個營業額相近的公司作為對比的標準。為何本公司有相同的營業額但用人數卻高出甚多，然後裁減「剩餘人力」。或核算每一個員工的平均產值與相比較的公司對比後，決定裁減多少人員。

(3)用人配置考量。公司在同業間做廣泛性的調查比較而得到適用人數。比如說，人事部在同業間的調查是每一百五十人有一位管理人員，假如該公司的用人數超過這一標準，必須重新檢討，是否進行裁減的動作。

(4)人力素質考量。此種方式是依公司所設定的標準，把員工評比為A、B、C三級。

A級員工是有能力並且為企業做出很大貢獻者，把他歸劃為不能裁員的部分；B級員工是能力及對企業貢獻稍好者，這劃歸為可裁可不裁者；C級員工是既無能力又無貢獻者，這列為必裁的名單中。然後把級分成AA、AB、AC三級，B級分成BA、BB、BC三級，C級分成CA、CB、CC三級共九級，然後依此做為裁員的順序。

以上只是簡單的方法，事實上各企業會設定裁員的綜合指標，同時採用。

MEMO

建立科學的考評制度

第一節 做好績效考評，瞭解員工的工作效率

一、績效考評的作用

許多管理者都有這樣的體會，調漲工資和發獎金都不是一件容易的事情。如果管理者對這些事情的處理無法得到員工的滿意，很容易讓員工對公司產生抱怨，或者讓員工之間發生衝突。

之所以讓員工不能感到滿意，是因為企業無法拿出有說服力的證據，來說明誰的工做出色，誰的表現不出色，出色的與不出色的到底差別有多大，對員工進行績效考評可以解決這個問題。

績效考評是一種正式的員工評估制度，它是透過有系統的方法、原理來評定和測量員工在職務上的工作行為和工作效果。績效考評是企業管理者與員工之間的一項管理溝通活動。績效考評的結果可以直接影響到薪資調整、獎金發放及職務升降等諸多員工的切身利益。

除此之外，績效考評還可以讓員工們明白自己在企業的真實表現（企業對員工的評價）和企業對員工的期望，並且能為員工的晉升和降職提供有力的參考依據。具體而言，績效考評主要有以下幾方面的用途：

(1)為員工的薪資調整、獎金發放提供依據。績效考評會為每位員工得出一個評價考評，這個考評結論不論是描述性的，還是量化的，都可以作為員工的薪資調整、獎金發放提供重要的依據。這個考評結論對員工本人是公開的，並且要獲得員工的認同。所以，以它作為依據是非常有說服力的。

(2)為員工的職務調整提供依據。員工的職務調整包括員工的晉升、降職、調崗，甚至辭退。績效考評的結果會客觀地對員工是否適合該崗位做出明確的評判。基於這種評判而進行的職務調整，往往會讓員工本人和其他員工接受和認同。

(3)為上級和員工之間提供一個正式溝通的機會。考評溝通是績效考評的一種重要環節，它是指管理者（考評人）和員工（被考評人）面對面地對考評結果進行討論，並指出其優點、缺點和需改進的地方。考評溝通為管理者和員工之間創造了一個正式的溝通機會。利用這個溝通機會，管理者可以及時瞭解員工的實際工作狀況及深層次的原因，員工也可以瞭解到管理者的管理思路和計劃。考評溝通促進了管理者與員工的相互瞭解和信任，提高了管理的掌握度和工作效率。

(4)讓員工清楚企業對自己的真實評價。雖然管理者和員工可能經常會見面，並且可能經常談論一些工作上的計劃和任務。但是員工還是很難清楚地明白企業對他自己的評價。績效考評是一種正規的、週期性對員工進行評價的系統，由於評價結果是向員工公開的，員工就有機會清楚企業對他的評價。這樣可以防止員工不正確地估計自己在組織中的位置和作用，進而減少一些不必要的抱怨。

(5)讓員工清楚企業對他的期望。每位員工都希望自己在工作中有所發展，企業的職業生涯規劃就是為了滿足員工自我發展的需要。但是，僅僅有目標，而沒有進行引導，也往往會讓員工不知所措。績效考評就是這樣一個導航器，它可以讓員工清楚自己需要改進的地方，指明了員工前進的航向，為員工的自我發展鋪平了道路。

(6)企業及時準確地獲得員工的工作訊息，為改進企業政策提供依據。透過績效考評，企業管理者和人力資源部門可以及時準確地獲得員工的工作訊息。透過這些訊息的整理和分析，可以對企業的應徵制度、選擇方式、激勵政策及培訓制度等一系列管理政策的效果進行評估。及時發現政策中的不足和問題，進而為改進企業政策提供了有效的依據。

二、績效考評的類型

根據績效考評的考評內容，可以分為效果主導型、品質主導型和行為主導型三種類型：

(1)效果主導型。考評的內容以考評工作效果為主，效果主導型著眼於「做出了什麼」，重點在結果，而不是行為。由於它考評的是工作業績，而不是工作過程，所以考評的標準容易制定，並且考評也容易操作。目標管理考評方法就是對效果主導型內容的考評。效果主導型考評具有短期性和表現性的缺點。它對具體生產操作的員工較適合，但對事務性工作人員的考評不太適合。

(2)品質主導型。考評的內容以考評員工在工作中表現出來的品質為主，品質主導型著眼於「他這個人怎麼樣？」，因為品質主導型的考評需要使用如忠誠、可靠、主動、有創造性、有自信、有協助精神等定性的形容詞，所以很難具體掌握，並且操作性與有效度較差。但是它適合對員工工作潛力、工作精神及人際溝通能力的考評。

(3)行為主導型。考評的內容以考評員工的工作行為為主，行為主導型著眼於「做什麼」、「如何去做的」，重在工作過程，而非工作結果。考評的標準較容易確定，操作型較強。行為主導型適合於對管理性、事務性工作進行考評。

三、績效考評的方法

(1)等級評估法。等級評估法是績效考評中常用的一種方法。根據工作分析，將被考評崗位的工作內容劃分為相互獨立的幾個區塊，在每個區塊中用明確的語言描述完成該區塊工作需要達到的工作標準。同時，將標準分為幾個等級選項，如「優、良、合格、不合格」等，考評人根據被考評人的實際工作表現，對每個區塊的完成情況進行評估。總成績便為該員工的考評成績。

(2)目標考評法。目標考評法是根據被考評人完成工作目標的情況來進行考核的一種績效考評方式。在開始工作之前，考評人和被考評人應該對需要完成的工作內容、時間期限、考評的標準達成一致。在時間期限結束時，考評人根據被考評人的工作狀況及原先制定的考評標準來進行考評。目標考評法適合於企業中實驗目標管理的項目。

(3)序列比較法。序列比較法是對相同職務員工進行考核的一種方法。在考評之前，首先要確定考評的區域，但是不確定要達到的工作標準。將相同職務的所有員工在同一考評區塊中進行比較，根據他們的工作狀況排列順序，工作較好的排名在前，工作較差的排名在後。最後，將每位員工在參加所有考評區塊的排序數字相加，就是該員工的考評結果。總數越小，績效考評成績越好。

(4)相對比較法。與序列比較法相仿，它也是對相同職務員工進行考核的一種方法。所不同的是，它是對員工進行比較，任何兩位員工都要進行一次比較。兩名員工比較之後，工作較好的員工記「一」，工作較差的員工記「○」。所有的員工相互比較完畢後，將每個人的成績進行相加，總數越大，績效考評的成績越好。與序列比較法相比，相對比較法每次比較的員工不宜過多，範圍在五至十名即可。

(5)小組評價法。小組評價法是指由兩名以上熟悉該員工工作的經理，組成評價小組進行績效考評的方法。小組評價法的優點是操作簡單，省時省力，缺點是容易使評價標準模糊，主觀性強。為了提高小組評價的可靠性，在進行小組評價之前，應該向員工公佈考評的內容、依據和標準。在評價結束後，要向員工講明評價的結果。在使用小組評價法時，最好和員工個人評價結合進行。當小組評價和個人評價結果差距較大時，為了防止考評偏差，評價小組成員應該首先瞭解員工的具體工作表現和工作業績，然後在做出評價決定。

(6)重要事件法。考評人在平時注意收集被考評人的「重要事件」，這裡的「重要事件」是指被考評人的優秀表現和不良表現，對這些表現要形成書面記錄。對普通的工作行為則不必進行記錄。根據這些書面記錄進行整理和分析，最終形成考評結果。該考評方法一般不單獨使用。

(7)評語法。評語法是指由考評人撰寫一段評語來對被考評人進行評價的一種方法。評語的內容包括被考評人的工作業績、工作表現、優缺點和需努力的方向。評語法在多數公司應用得非常廣泛。由於該考評方法主觀性強，最好不要單獨使用。

(8)強制比例法。強制比例法可以有效地避免因為考評人的個人因素，而產生的考評誤差。根據常態分佈原理，優秀的員工和不合格的員工的比例應該基本相同，大部分員工應該屬於工作表現一般的員工。所以，在考評分佈中，可以強制規定優秀人員的人數和不合格人員的人數。比如，優秀員工和不合格員工的比例均占二十%，其他六十%屬於普通員工。強制比例法適合相同職務員工較多的情況。

(9)情境模擬法。情境模擬法是一種模擬工作考評方法。它要求員工在評價小組人員面前完成類似於實際工作中可能遇到的活動，評價小組根據完成的情況對被考評人的工作能力進行考評。它是一種針對工作潛力的一種考評方法。

⑽綜合法。綜合法顧名思義，就是將各類績效考評的方法進行綜合運用，以提高績效考評結果的客觀性和可信度。在實際工作中，很少有企業使用單獨一種考評方法來實施績效考評工作。

四、有效避免和防止績效考評的誤差

⑴考評指標理解誤差。因考評人對考評指標理解的差異而造成的誤差。同樣是「優、良、合格、不合格」等標準，但不同的考評人對這些標準的理解會有偏差，同樣一個員工，對於某項相同的工作，甲考評人可能會選「良」，乙考評人可能會選「合格」。避免這種誤差，可以透過以下三種措施來進行。

(a)修改考評內容，讓考評內容更加明確，使能夠量化的盡可能量化，這樣可以讓考評人能夠更加準確地進行考評。

(b)避免讓不同的考評人對相同職務的員工進行考評，盡可能讓同一名考評人進行考評，員工之間的考評結果就具有了可比性。

(c)避免對不同職務的員工考評結果進行比較，因為不同職務的考評人不同，所以不同職務之間的比較可靠性較差。

⑵光環效應誤差。當一個人有一個顯著的優點的時候，人們會誤以為他在其他方面也有同樣的優點。這就是光環效應。在考評中也是如此，比如，被考評人工作非常積極主動，考評人可能會誤以為他的工作業績也非常優秀，進而給被考評人較高的評價。在進行考評時，被考評人應該將所有考評人的同一項考評內容同時考評，而不要以人為單位進行考評，這樣可以有效的防止光環效應。

⑶趨中誤差。考評人傾向於將被考評人的考評結果放置在中間的位置，就會產生趨中誤差。這主要是因考評人害怕承擔責任或對被考評人不熟悉所造成的。在考評前，對考評人員進行必要的績效考評培訓，消除考評人的後顧之憂，同時避免讓被考評人不熟悉的考評人進行考評，可以有效防止趨中誤差。

⑷近期誤差。因人們對最近發生的事情記憶深刻，而對以前發生的事情印象淺顯，所以容易產生近期誤差。考評人往往會用被考評人近一個月的表現來評判一個季度的表現，進而產生誤差。消除近期誤差的最好方法是考評人每月進行一次當月考評記錄，在每季度進行正式的考評時，參考月度考評記錄來得出正確考評結果。

⑸個人偏見誤差。考評人喜歡或不喜歡（熟悉或不熟悉）被考評人，都會對被考

評人的考評結果產生影響。考評人往往會給自己喜歡（或熟悉）的人較高的評價，而對自己不喜歡（或不熟悉）的人給予較低的評價，這就是個人偏見誤差。加入小組評價或員工互評的方法可以有效地中和個人偏見誤差。

(6)壓力誤差。當考評人瞭解到本次考評的結果會與被考評人的薪資或職務變更有直接的關係，或者懼怕在考評溝通時受到被考評人的責難，鑑於上述壓力，考評人可能會做出偏高的考評。解決壓力誤差，一方面要注意對考評結果的用途進行保密，一方面在考評培訓時讓考評人掌握考評溝通的技巧。如果考評人不適合進行考評溝通，可以讓人力資源部門代為進行。

(7)完美主義誤差。考評人可能是一位完美主義者，他往往會放大被考評人的缺點，進而對被考評人進行了較低的評價，造成了完美主義誤差。解決該誤差，首先要向考評人講明考評的原則和操作方法，另外可以增加員工自評，與考評人考評進行比較。如果差異過大，應該對該項考評進行認真分析，看是否出現了完美主義錯誤。

(8)自我比較誤差和盲點誤差。考評人不自覺地將被考評人與自己進行比較，以自己作為衡量被考評人的標準，這樣就會產生自我比較誤差。考評人因自己有某種缺點，而無法看出被考評人也有同樣的缺點，這就造成了盲點誤差。這兩種誤差的解決辦法是將考核內容和考核標準細化，並要求考評人嚴格按照考評要求進行考評。

五、將年度評估視為工作情況的簡明回顧

如果你期望有種最好的年度評估，能夠真正對改善工作表現起作用，那你幾乎註定會失望。

然而有些經理會向員工們徵求年度評估的意見。還有的經理甚至要求員工詳細地用書面形式彙報自己所做的工作，並給自己打出自己認為應該得到的分數。這雖然有助於經理瞭解一些細節問題，卻沒有解決基本的問題。

這是一位經理與梅蘭妮的對話：

「梅蘭妮，輪到妳作年度工作評估了。我問妳一個問題：妳自己覺得去年的表現怎樣？」

「我覺得很不錯。我準時完成了更多的項目，是吧？」

「是的，我希望妳知道我對妳非常欣賞。而且，妳的報告也寫得很精采，更加切題，語法錯誤也大為減少，這些我都注意到了。可是另一方面，我要求妳把交上來的幾個報告重新做一遍，但我感到妳並沒有進行充分的分析工作。」

「很抱歉，不過我已在做一些工作。難道你沒有察覺到我後來做得好多了嗎？」

「我真的沒注意，不過我答應妳下次我會特別留心，並讓妳知道。另一件事是我發現這幾個星期，妳離開工作區好幾次。我希望妳把時間切切實實地用在工作上，而不是其他方面。」

「這多半是為了改進的項目，我不會再在那上面花時間了。」梅蘭妮回答說。

「我很高興能聽到妳這麼說。我們現在來看看，把得分與扣分加起來，我想這就是妳去年工作表現的得分了，這聽起來很合理吧？」

「是啊。」梅蘭妮沉默了一會兒才回答。可是，下次梅蘭妮的工作表現會有什麼改進呢？不會有。梅蘭妮會繼續做更多精采的報告，不會有什麼語法錯誤，努力做好分析。但不能肯定經理會向她提供幫助。她會繼續離開工作區，直到經理再次對此發話。她對得分很失望，因為她認為上次評估以後自己已有提高。

員工的優秀程式與他們給自己的評分之間往往會有一種關連。真正優秀的員工對自己要求很高，但取得的成就與自己的理想之間的差距看得很清楚，而平庸的員工則相反，只知道自己做得多累才取得現在的成就。你應將年度評估視為對你與員工都已知道了的工作情況做簡明回顧。而在平時，當看到好的表現，則當場表揚，也應當場處理不良表現。

六、建立績效考評標準

對於一些新成立的企業，可能還從來沒有進行過績效考評，這就需要人力資源部門根據企業的具體情況，建立一套切實可行的績效考評標準。有了績效考評標準，企業就可以長期具有系統地實施績效考評工作。建立績效考評制度，一般可分為選取考評內容、編寫考評題目、選擇考評方法及制定考評制度等四個部分。

☑選取考評內容的原則

考評內容主要是以崗位的工作職責為基礎來確定的，但要注意遵循下述三個原則：

(1)與企業文化和管理理念相一致。考評內容實際上就是對員工工作行為、態度、業績等方面的要求和目標，它是員工行為的導向。考評內容是企業組織文化和管理理念的具體化和形象化，在考評內容中必須明確，企業在鼓勵什麼，在反對什麼，給員工以正確的指引。

(2)要有重點。考評內容不可能涵蓋該崗位上的所有工作內容，為了提高考評的效率，降低考評成本，並且讓員工清楚工作的關鍵點，考評內容應該選擇崗位工作的主要內容進行考評，不要面面俱到。這些主要內容實際上已經佔據了員工八十%的工作精力和時間。另外，對難於考核的內容也要謹慎處理，認真地分析它的可操作性和它在崗位整體工作中的作用。

⑶不考評無關內容。一定要切記，績效考評是對員工的工作考評，對不影響工作的其他任何事情都不要進行考評。比如說員工的生活習慣、行為舉止、個人癖好等內容都不宜作為考評內容出現，如果這些內容妨礙到工作，其結果自然會影響到相關工作的考評成績。

對考評內容進行分類為了使績效考評更具有可靠性和可操作性，應該在對工作崗位內容分析的基礎上，根據企業的管理特點和實際情況，對考評內容進行分類。比如將考評內容劃分為「重要任務」考評、「日常工作」考評和「工作態度」考評三個方面。

⑴「重要任務」是指在考評期內被考評人的關鍵工作，往往列舉一至三項最關鍵的即可，如對於開發人員可以是考評期的開發任務，銷售人員可以是考評期的銷售業績。「重要任務」考核具有目標管理考核的性質。對於沒有關鍵工作的員工（如清潔工）則不進行「重要任務」的考評。

(2)「日常工作」的考核條款一般以崗位職責的內容為準，如果崗位職責內容過雜，可以僅選取重要項目考評。它具有考評工作過程的性質。

(3)「工作態度」的考核可選取對工作能夠產生影響的個人態度，如合作精神、工作熱情、禮貌程度等等，對於不同崗位的考評有不同的比重。例如，「工作熱情」是行政人員的一個重要指標，而「工作細心」可能更適合財務人員。另外，要注意一些純粹的個人生活習慣等與工作無關的內容不要列入「工作態度」的考評內容。不同分類的考評內容，其具體的考評方法也不同。

☑編寫考評題目

在編寫考評題目的時候，要注意以下問題：

(1)內容要客觀明確，才不會產生歧見。

(2)每個題目要有準確的定位，題目與題目之間不要有交叉內容，也不應該有遺漏。

(3)題目內容不宜過多。

(4)選擇考評方法根據考評內容的不同，考評方法也可以採用多種形式。採用多種方式進行考評，可以有效減少考評誤差，提高考評的準確度。例如，我們可以安排直屬上司考評直接下屬的「重要工作」和「日常工作」部分，同事之間對「工作態度」

部分進行互評。

另外，還可以讓員工對「日常工作」和「工作態度」部分進行自我評估，自評成績不計入總成績。主要是讓考評人瞭解被考評人的自我評價，以便找出自我評價和企業評價之間的差距，這個差距可能就是被考評者需要改進的地方。

這些資料可以為接下來進行的考評溝通提供有益的幫助。為了減少考評的近期誤差，人力資源部門可以建議考評人對被考評人的「重要工作」和「日常工作」經常進行非正式考評，並記錄關鍵事件，在正式考評時，可以以此為原始材料。

另外在考評時，考評人對所有被考評人的同一項目進行集中考評，而不要以人為單位進行考評。

在不增加成本的情況下，提高員工對報酬的滿意度

一、報酬是指企業對員工付出勞動的回報

在人力資源管理領域中，報酬管理是最困難的管理任務。它的困難性在於，第一，員工對報酬的極大關注和挑剔；第二，報酬管理理論與實踐的脫節。對多數員工而言，他們會非常關心自己的報酬水準，因為這直接關係到他們的生存品質。企業對報酬管理也是非常重視的。

企業為了讓報酬更加合理，更加能反映員工的工作業績，不惜將報酬結構和報酬體系制定得非常複雜和繁瑣（並且還有繼續複雜下去的趨勢）。實際上，過於複雜的報酬管理與過於簡單的報酬管理一樣會降低報酬的激勵作用。一套良好的報酬制度，可以讓企業在不增加成本的情況下提高員工對報酬的滿意度。

建立報酬制度之前，首先要對報酬的外在均衡和內部均衡進行分析，分析的方法是進行報酬調查和崗位評估，其次要設計恰當的報酬結構，然後確定報酬的等級和範圍，最後制定報酬的調整政策。

在企業中，報酬是指企業對員工付出勞動的回報。廣義上講，報酬分為經濟類報酬和非經濟類報酬兩種。經濟類報酬是指員工的工資、津貼、獎金等，非經濟類報酬是指員工獲得的成就感、滿足感或良好的工作氣氛等。本章中所使用的是報酬的狹義概念，僅指經濟類報酬。

根據報酬構成的各部分的性質、作用和目的不同，大體可以把報酬分為工資、津貼、獎勵和福利四大部分。

二、注意報酬的外在均衡和內部均衡問題

企業在進行報酬管理時，要注意報酬的外在均衡和內部均衡問題。外在均衡是指企業員工的報酬水準與同地域同行業的報酬水準保持一致，或略高於平均水準；內部均衡主要是指企業內部員工之間的報酬水準，應該與他們的工作成比例，即滿足報酬的公平性。

☑報酬的外在均衡問題

報酬的外在均衡失調有兩種情況：

(1)高於平均水準。企業的報酬水準高於平均水準，將會對員工產生激勵作用，促使員工更好地進行工作，提高工作效率；另外，報酬水準較高可以穩定員工，降低企業員工流動率；同時，還可以吸引更多的優秀人才加入。但是如果企業的報酬水準過高，無疑會增加企業的人力資源成本。

(2)低於平均水準。企業的報酬水準低於平均水準時，降低了企業的人力資源成本。但是，它會使員工失去工作的熱情和主動性，降低了工作效率；另外，報酬水準較低會增加企業員工流動率。

企業必須非常敏感地掌握報酬管理中的外在均衡情況，並利用平均數據對企業報酬水準進行有目的的調節，以達到企業的管理目的。例如，如果企業急需大量的人才，可以調高企業的報酬水準，吸引人才；如果企業已經穩定，並且有很高的知名度，可以將報酬水準調整至與外在水準持平。

報酬調查是維持均衡的基礎。報酬調查就是透過各種正常的方法，來獲取相關企業各職務的報酬水準及相關訊息。對報酬調查的結果進行統計和分析，就會成為企業的報酬管理決策之有效依據。

☑報酬的內部均衡問題

內部均衡失調有兩種情況：

(1)差距過大。差距過大是指優秀員工與普通員工之間的報酬差異大於工作本身的差異，也有可能是從事同等工作的員工之間存在著較大的差異。前者的差異過大有助於穩定優秀員工，後者的差異過大會造成員工的不滿。

(2)差距過小。差異過小是指優秀員工與普通員工之間的報酬差異小於工作本身的差異，它會引起優秀員工的不滿。

企業必須正視和關注報酬的內部均衡問題，對員工報酬差異的有效調節，可以穩定員工的情緒，提高工作效率。報酬內部均衡的激勵作用屬於保健型激勵，也就是說，當內部均衡時，員工可以達到正常的工作效率；當內部報酬不均衡時，會降低員工的工作效率。

三、設計合理的報酬制度

報酬制度是企業人力資源管理的重要政策，它是企業報酬管理規範化和流程化的表現。在設計報酬制度時，應採取以下步驟：調查報酬管理中存在的問題、確定報酬總額、制定報酬結構、編寫報酬制度。

(1) 調查報酬管理中存在的問題對於已存在的企業來說，即便企業還沒有規範的報酬制度，但報酬管理員工的操作一直在進行著。在規範企業的報酬制度之前，人力資源部門應該對現行的報酬管理進行調查，瞭解員工對報酬水準及報酬管理的滿意程度。

調查主要有三種方法：問卷法、面談法和參照法。問卷法是指由人力資源部門根據調查的需要，制定相關的調查問卷，對員工進行調查的一種方法。為了便於調查員工的真實感受，調查問卷可以不署名。但是，被調查人的職位名稱等基本內容要填寫清楚。

面談法比問卷法更顯得機動靈活，儘管不需要製作調查問卷，但也應該提前草擬面談提綱，由於員工一般不太願意公開談論報酬問題，所以面談的時間和場地應該選擇恰當，特別是不能有外人打擾，並且要堅持「一對一」面談的原則。另外，人力資源部門還應該向被面談者講明面談的原因。將面談保持在對公司報酬管理的看法上，且偏重地去討論該崗位應該有什麼樣的報酬標準。

問卷法和面談法都是對內調查比較常用的方法。另外，人力資源部門還可以使用參照法從外獲取其他相關企業的報酬訊息，為改進本企業的報酬管理提供參考。使用參照法需要在報酬調查時加入對其他企業報酬管理制度的調查，將調查到的所有訊息分類整理以後，與公司的各條管理細則進行對照，對其中的差異進行比較和分析，進而為改進公司報酬管理提供方向及依據。

(2)確定企業報酬總額。企業的報酬總額是企業所有員工的工資、津貼、福利和獎金等內容的總合，要注意的是，「所有員工」，既包括在職員工，也包括離退休員工。在確立企業的報酬總額時，首先要考慮企業的實際承受能力，其次要考慮員工的基本生活費用和人力資源市場行情。

提高企業的報酬承受能力可以從提高員工工作效率、降低管理費用、降低成本費用和提高銷售額等幾個方面進行。在確定員工的基本生活費用時要考慮：政府發佈的物價指數和當地最低生活標準；當地平均的生活水準；同行業其他企業的員工基本生活水準。

另外，要根據報酬調查的結果，透過對其他企業報酬水準的分析和人力資源市場的行情和供需關係來制定企業的報酬水準。

☑制定報酬結構

前面已經講過，報酬結構主要分為職能工資制、職務工資制和結構工資制。企業應該根據本行業和企業的具體情況和特點，選擇合適的報酬結構。例如對於高科技企業，可以選擇職能工資制為基礎的報酬結構；對從事機械化操作較多的企業，可以採取以職務工資制為基礎的報酬結構；對諮詢業等各類高級人才聚集的行業，可以採用結構工資制。

確定報酬結構之後，根據報酬調查和崗位分析的結果，要對每類崗位進行報酬等級劃分，並且確定每個等級的報酬水準和等級之間的報酬差異。

用先進的科學經驗管理員工

第一節

學習先進國家的人力資源管理經驗

一、加強員工的規範管理，瞭解並滿足員工的需求

全球著名的管理諮詢顧問公司蓋洛普公司曾經進行過一次關於如何建立一個良好的工作場所的調查，所謂良好的工作場所必須是：

(1)員工對自己的工作感到滿意。

(2)員工還要有良好的業績。

研究人員採用問卷調查的方式，讓員工回答一系列問題，這些問題都與員工的工作環境和對工作場所的要求有關。最後，他們對員工的回答作了分析和比較，並得出了員工的十二個需要。這些需要是薪資和福利待遇以外的需要，它們集中呈現了現代企業管理中員工管理的新內容。這些需求是：

◇在工作中我知道公司對我有什麼期望。
◇我有把工作作好所必備的器具和設備。
◇在工作中我有機會做我最擅長做的事。
◇在過去的七天裡，我出色的工作表現得到了肯定和表揚。
◇在工作中我的上司把我當成一個有用的人來關心。
◇在工作中有人常常鼓勵我向前發展。
◇在工作中我的意見一定有人聽取。
◇公司的使命或目標使我感到工作的重要性。
◇我的同事們也在致力於做好本職工作。
◇我在工作中經常會有一個最好的朋友。
◇在過去的六個月裡，有人跟我談過我的進步。
◇去年，我在工作中有機會學習和成長。

從上述需要可以看出，在員工滿足他的生存需要之後，更加希望自己得到發展並有成就感。我們可以透過加強員工的規範化管理及人性化管理來實現上述目標。

☑明確崗位職責和崗位目標

明確崗位職責和崗位目標可以讓員工明白公司對他的希望和要求。但在許多時候，崗位職責和崗位目標與員工的實際工作並不相符。這種陳舊的職責和目標比沒有這些東西更加可怕，它會給員工的工作帶來誤導，並且損害了公司規章制度的嚴肅性。所以人力資源部門要及時根據公司的變化及時對崗位職責和目標進行調整，使其真正能夠發揮作用。

☑做好設備和辦公用品的管理

每個員工進行工作時都要有必備的設備和辦公用品。之所以在這方面出現問題，往往不是設備和辦公用品的數量不足，而是管理不善，在需要的時候物品往往找不到。對物品的管理應該由行政部門安排專人負責，借用和領用都應有登記管理制度。

☑加強管理溝通

讓每個員工去做最擅長的事情，是管理的最高境界，但我們在很多時候並不能作到這些。瞭解員工，不但要觀察員工的工作行為，還要注意多與員工進行溝通，特別是管理溝通，認真聽取員工對公司管理和部門管理建議，瞭解員工的思想動態，並讓員工自己對自己進行工作評價，以便統一員工與直接上級對工作的認識。

☑建立意見反應機制

在具體工作中，員工難免會對公司或部門的一些管理行為產生意見，進而影響工作情緒。而這些意見並非都適合直接告訴直接上級。從公司的管理流程上講，應該有這樣一個「協力廠商」來收集員工的意見，並將這些意見整理、歸類，然後直接反映給最高層或公司管理部門，這也是對各級管理人員的一種監督方式。這種意見反應應該是正式的最好是以書面的方式，並且要納入公司的規章制度中，要明確進行意見反應是一個正常的工作內容。

☑進行書面工作評價

很多公司都有對員工的工作考評，在工作考評後不僅要有及時的考評溝通，還要有書面的工作評價。工作評價可以每半年進行一次，在工作評價中要誠懇地對員工的優缺點進行分析和總結。在員工拿到自己的工作評價時，對自身的情況會有一個客觀的瞭解，並且會感覺到公司在時時刻刻地關心著自己的成長。

☑完善職務升遷制度

職務的晉升是對員工工作的肯定和嘉獎。但如果將晉升只侷限在行政級別的提高，則會出現管理上的混亂，因為每個部門的部門經理只有一個。所以職務晉升要注重專業職務和行政職務並重，使員工既可以向專業深度發展也可以向管理發展。如一個軟體開發人員，既可以朝開發小組長、開發經理、技術總監的管理方向發展，也可以向專員、高級專員、資深專員、主任等專業技術深度發展。完善職務升遷體系是為了使每一位員工都感覺到在公司工作有發展前途。

二、樹立人本管理思想

隨著社會的進步和教育程度的不斷提高，企業員工的素質發生了很大的變化。企業中「知識型員工」的比重越來越大，企業中的員工不再是為了生存而工作。他們渴望能力的充分發揮和更大的前途。

由於企業的發展越來越依靠知識的累積，而員工是企業知識資本的所有者，這決定了企業中老闆與員工的關係不再是聘用與被聘用的關係，更加提升之間的關係。老闆僅僅是物質資本的投資者，而員工則是知識資本的投資者，雙方的共同「投資」促成了企業的發展。人本管理就是在這樣一個發展趨勢中提出來的，它迎合了社會發展的潮流。

人本管理思想是以人為中心的人力資源管理思想。它把人作為企業最重要的資源，以人的能力、特長、興趣、心理狀況等綜合情況來有效地安排最合適的工作，並且在工作中充分地考慮到員工的成長和價值，使用科學的管理方法，透過全面的人力資源開發計劃和企業文化建設，使員工能夠在工作中充分地調動和發揮人的積極性、主動性和創造性，進而提高工作效率、增加工作業績，為達成企業發展目標做出最大的貢獻。

☑人本管理的層次

現代企業管理中，越來越強調人的重要性，於是越來越多的公司提出了「以人為本」的口號，但真正要做到人本管理還需要一個較長的過程。研究人本管理的管理學家認為，人本管理在管理實踐中有不同的形態，並且這種形態具有層次性。目前，較為普遍的是把人本管理分為五個層次，它們分別是：情感溝通管理、員工參與管理、員工自主管理、人才開發管理和企業文化管理。

(1)情感溝通管理。它是人本管理的最低層次，也是提升到其他層次的基礎。在該層次中，管理者與員工不再是單純的命令發佈者和命令實施者。管理者和員工有了除工作命令之外的其他溝通，這種溝通主要是情感上的溝通，比如管理者會瞭解員工對工作的一些真實想法，或員工在生活上和個人發展上的一些需求。在這個階段員工還沒有就工作中的問題與管理者進行決策溝通，但它為決策溝通打下了基礎。

(2)員工參與管理。員工參與管理也稱「決策溝通管理」，管理者和員工的溝通不再侷限於對員工的噓寒問暖，員工已經開始參與到工作目標的決策核心。在這個階段，管理者會與員工一起來討論員工的工作計劃和工作目標，認真聽取員工對工作的看法，積極採納員工提出的合理化建議。員工參與管理會使工作計劃和目標更加趨於合理，並增強了員工工作的積極性，提高了工作效率。

(3)員工自主管理。隨著員工參與管理的程度越來越高，對業務嫺熟的員工或知識型員工可以實行員工自主管理。管理者可以指出公司整體或部門的工作目標，讓每位員工拿出自己的工作計劃和工作目標，經大家討論通過後，就可以實施。

由於員工在自己的工作範圍內有較大的決策權，所以員工的工作主動性會很強，並且能夠承擔相對的工作責任。在該階段，每位員工的工作能力都會得到較大的鍛鍊；綜合能力較高，創造力較強的員工，在這個階段會脫穎而出，成為獨當一面的業務。

(4)人才開發管理。為了更進一步提高員工的工作能力，公司要有針對性地進行一些人力資源開發工作。員工工作能力的提高主要透過三個途徑：工作中學習、交流中學習和專業培訓。人才開發管理首先要為員工建立一個工作交流的環境，讓大家相互學習和討論。另外，人力資源部門可以聘請一些專家，進行針對性的培訓。

(5)企業文化管理。企業文化說到底就是一個公司的工作習慣和風格。企業文化的形成需要公司管理的長期累積。員工的工作習慣無非朝兩個方向發展：好的或壞的。如果公司不將員工的工作習慣朝好的方向引導，它就會向壞的方向發展。企業文化的作用就是建立這樣一種導向，而這種導向必須是大家所認同的。隨著公司的發展，企業文化也會不斷發展。但不論怎樣，企業文化管理的關鍵是對員工的工作習慣進行引導，而不是僅僅是為了公司形象的宣傳。

不同的管理類型整體上講，企業管理有四種基本的管理模式：命令式管理、傳統式管理、協商式管理、參與式管理。命令式管理和傳統式管理是集權式管理；而協商式管理和參與式管理則屬於員工參與的以人為本的企業管理。

根據企業的人員素質和不同的管理要求，可以把人本管理細分為四種管理類型：控制型參與管理、授權型參與管理、自主型參與管理和團隊型參與管理。

(1)控制型參與管理。控制型參與管理適合於剛開始導入參與管理模式時使用。嚴格地講，它不屬於實質意義上的參與管理，只是從傳統管理向現代管理的一種過渡期。控制型參與管理強調控制，在傳統的自上而下式管理模式之下，引入自下而上的管理反應機制，讓員工的建議和意見有一個正式的反應管道，管道的建設和管理仍然由管理人員負責。這個階段對於知識層次較低的員工管理可能會持續相當長的一段時間。

(2)授權型參與管理。在授權型參與管理中，員工已經被賦予程度的決策權，能夠較靈活的處理本職工作以內的一些事務。對於知識型員工的管理，在一開始，就可以從這個階段入手。授權型參與管理的重要意義在於它讓員工養成了自主決策，並對決策負責的習慣。

因為經驗和能力的問題，員工常常會有一些決策失誤，所以還需要管理人員進行協助和管理。在這個階段，要允許員工犯錯誤，當然不能連續犯同類的錯誤。管理人員的管理能力逐漸轉化為指導能力。

(3)自主型參與管理。授權型參與管理使員工自我決策和自我管理能力有了很大的提高，就可以進入自主型參與管理階段。在這個階段，員工有更大的決策許可權，當然也要為決策的失誤負更大的責任。員工在工作過程中，對訊息的獲取量越來越大，員工之間的溝通和討論越來越頻繁。企業對每位員工實行目標管理，由員工自主決策工作的過程，但要保證達到企業要求的工作結果。企業管理人員的管理能力，從指導能力逐漸轉化為協調能力。

(4)團隊型參與管理。團隊型參與管理已打破了傳統的行政組織結構體系，根據企業發展需要組織團隊。每個團隊要有明確的工作目標。團隊中的成員可以自由組合，也可以由企業決策層指定。由於部門的撤銷，大量的管理人員將加入團隊，喪失了管理能力。在團隊中，由團隊成員自主選擇團隊協調人。團隊協調人不是團隊的領導，他沒有給其他成員安排工作的權利，他只在團隊內部或與外界溝通發生狀況時扮演調解人的角色。

團隊協調人沒有企業的正式任命，只是一個角色，他可以根據團隊的需要隨時選舉和撤銷。團隊協調人也有自己的工作，與團隊其他人員同等待遇。由企業指定團隊工作目標，由團隊成員討論達成工作目標的方式，然後各自分工，相互協調，完成工作。

管理價值體系，提高工作效率

一、激發員工對產品的興趣

一位部門經理講過這樣三個小故事。

故事一：我們新推出了一種叫做「銀幣」的暖氣配件，大約有一塊銀幣那麼大。我把它們塗上各種不同的顏色，繫上了小鉤，在耶誕節前一個月送給了銷售人員。我還附上一張紙條，寫著它們將是非常好的聖誕禮物。我希望他們的孩子看到聖誕樹上掛著的「銀幣」時，問：「爸爸，那是什麼?」以此來提醒我們的銷售人員去推銷「銀幣」。

故事二：我對我們設計出來的新型電梯閥門感到很興奮，但我又擔心人們會對此漫不經心。因為每個閥門重達兩百八十磅，我們只能把它們儲存在一個遠離公司的倉庫裡。這樣就應了一句俗語：眼不見，心不想。不過為了避免這種事，我把第一個升降機閥門（雖然有兩百八十磅重）放在推銷經理雷的辦公室中央。我還給約翰寄了一台，因為他能幫我們處理應用上的問題。我告訴他們這兩台閥門將一直放在他們所在的地方，直到公司賣出五十台閥門為止。這樣做引起了他們的注意，而且閥門的銷售真的創下了記錄。

故事三：在推銷新的加熱器時我們遇到了問題。夏天誰也不需要暖氣，所以推銷員也做得沒什麼起色。到了冬天，當推銷員把電話打過去又往往習慣性地忘記提起加熱器的事。我寄了兩張明信片解決了問題。

第一張是在寒季來臨前的兩個月寄出的，上面畫了一個戴著太陽鏡和軟帽的加熱器，躺在沙灘毛巾上，一位身著比基尼的漂亮的年輕女士挨著它。明信片背面寫著：「我正在愉快地渡假。我期待著與你重逢。不久我就會回到城裡，請別忘了我。」落款是：「加熱器先生。」

幾個星期以後，我們的銷售人員收到了第二張明信片。這次加熱器先生穿著外套，它說了些什麼呢？「我回家了。這裡真冷。我已經開始準備工作了。請打電話給我。」明信片引起了很多人的興趣，還帶來了很多訂單。

特別的東西才會引人注意。並不是所有的人都會花時間閱讀提醒他們推銷加熱器的字條，但每個人都有時間看明信片。如果還不放心的話，就想想電話、電視還有飛機的發明。最初人們對「會飛行的機器」的反應是一陣哄堂大笑。

假設你錯了，那又怎樣？為了支援「快速失敗」和「小小的開端」我們必須討論，甚至取笑自己的失敗。這是鼓勵別人去嘗試的最好方法。

二、提高員工工作效率

根據國外一項管理研究報告顯示：員工實際的工作效率只有他們能達到的四十%至五十%。提高員工工作效率，除了要有明確的工作崗位和良好的激勵政策之外，管理方法也很重要，下面就是六個非常實用的管理方法：

☑選擇合適的人進行工作決策

在對工作進行決策時，應該選擇有相當技術能力或業務能力的員工進行決策。一些員工因為技術或經驗的欠缺，在進行決策時會對工作造成錯誤的指導。如果方向錯了，做再多的工作也沒有意義。

☑充分發揮辦公設備的作用

許多工作，可能是因為電腦，或電話、傳真機等辦公設備出現故障而耽誤下來。有的公司沒有傳真機或電腦，收發一份檔案需要花很長時間，這樣自然無法提高工作效率。

☑工作成果共用

有時我們會發現，自己做的工作可能是其他員工已經做過的。有時查詢一些資料，辛辛苦苦查到了，結果發現另一位員工以前已經查詢過了，如果當初向他諮詢，就不必費這麼大的勁了。

將員工的工作成果共用，是一個很重要的問題。特別是對於員工較多的公司，這一點尤其顯得重要。管理者可以利用部門內部的辦公例行會議讓大家介紹各自的工作情況；另外，對一些工作成果資料要妥善地分類和保管，這些都能達到工作成果共用的目的。

☑讓員工瞭解工作的全部

讓員工瞭解工作的全部有助於員工對工作的整體把握。員工可以有系統的將自己的工作與同事的工作協調一致。如果在工作中出現意外情況，員工還可以根據全域情況，做一些機動處理，進而提高工作的效率。

☑鼓勵工作成果而不是工作過程

管理者在對員工進行鼓勵時，應該鼓勵其工作結果，而不是工作過程。有些員工工作很辛苦，管理者可以表揚他的這種精神，但並不能作為其他員工學習的榜樣。否則，其他員工就可能會將原本簡易的工作複雜化，甚至做一些表面文章，來顯示自己的辛苦，獲取表揚。

從公司角度而言，公司更需要那些在工作中肯動腦子的員工。所以，公司應該鼓勵員工用最簡單的方法來達到自己的工作目標。總之，工作結果對公司才是真正有用的。

☑給員工思考的時間

公司在做一件事情之前，如果決策層沒有認真地進行思考，這件事情就不會做得非常出色。員工工作也是如此，如果管理者不給員工一些思考的時間與空間，也很難讓他們做好自己的工作。管理者要鼓勵員工在工作時多動腦子，勤於思考。用大腦工作的員工肯定要比用四肢工作的員工更有工作成績。

三、自我管理是最好的管理

每個工作日上午十一點五十五分，工廠的鈴聲響起，到吃午飯的時間了。當你走進阿姆斯壯公司的自助餐廳時，你會發現一切井然有序：一張張餐桌，擺滿三明治和飲料的冰箱，咖啡售賣機，微波爐，香菸和糖果售賣機……但奇怪的是，那些售賣機沒有上鎖，也沒有設置收銀機。根本就沒有專人看管錢和食物。

自助餐廳完全是靠榮譽制度來管理的。員工將買香菸和食物的錢放在一個開放式的硬幣箱裡。一天這個盒子一般能收一百多元。這個制度一直都維持得很好。阿姆斯壯公司的負責人還介紹說：

我們購買了一家加入了工會的工廠。這個工廠有著傳統的勞資關係。不久，我們的管理者向這個廠的員工展示我們的工作方式。他們沒有請示任何上級，就決定搬走打卡機。「如果真的相信員工們是我們最雄厚的資本，就應該相信他們能夠做得到。」管理者們認為：「為什麼還要用一台工作時間打卡機來使他們為難呢？他們是成年人了，知道該什麼時候上班，知道他們該做什麼。」

管理者走進工廠取下打卡機。言語向來是多餘的，這些管理者們用行動向與之共事的員工們證明了他們對員工們的信任。

該廠的員工是如何反應的呢？他們震驚了。

起先，他們期望利用這台打卡機作為下一次勞資談判的籌碼。但是資方管理者不求回報的態度令他們感到了公司對他們的信賴。員工們也的確用事實證明瞭這份信任是值得的。我們此後沒有遇到遲到的問題，相反地，有些人還會提前上班。這個案例說明：

(1)自我管理是最好的管理。不管是針對品質管理、出勤率或是在自助餐廳買東西吃，都是一樣。雖沒有打卡機，但幾乎沒有員工會遲到。我們相信員工能夠進行自我約束，產品的不良品率只有〇‧〇二%；即使現金在光天化日之下無人看管，也不會有人去拿。如果你讓員工對自己的行為負責，他們就會把事情做得很妥當。

(2)信任員工，才能激發他們的活力。考慮一下這個訊息所傳達的東西：丟掉上了鎖的箱子以及省卻不必要的管理員，你的這些舉動是在告訴員工你信任他們。這些信任所帶來的回報，則是高效率的工作和技術創新。

(3)與員工分享訊息才會使你享有更多的控制。許多人以為隱瞞情報可以讓他們控制得更多，但是事實正好相反。與員工分享訊息才會使你享有更多的訊息。為什麼？因為這樣能促使員工管理自己。比方說，我們發現當我們讓某個部門自己管理本部門的財務以後，他們總能把支出控制在預算以內。因為一旦他們明白自己擁有本部門的財務支配權後，他們不會去買那些並不是真正需要的東西。因為他們不再有這種藉口了：「老闆說可以的」。

(4)不要期望馬上看到結果。員工需要時間來適應擁有的自主權，所以開始時要慢慢來。也許第一個月先拿走工作打卡機，下個月打開一些上了鎖的門。但最終當他們看到領導人是如何對待自己時，他們就會真正相信自己擁有的權力。

(5)把員工當人看。如果對員工尊重，彼此的日子就會好過，長期下去還能提高生產效率。「不得不做」的態度只能是短期行為。

提高管理者自身素質

一、培養良好的習慣，提高管理能力

☑管理者應培養的習慣

習慣可以改變人的一生。雖然我們已經瞭解了許多提高自身素質的方法，但這些方法如果不能轉變成自己的習慣，還是沒有任何意義的。下面的五種習慣，是作為一名合格的管理者必備的五種習慣，這些習慣並不複雜，但功效卻非常顯著。如果你是一位管理者，或者你希望將來成為管理者，就應該從現在做起，努力培養這些習慣。

習慣之一：延長工作時間。許多人對這項習慣不屑一顧，認為只要自己在上班時間提高效率，沒有必要再加班工作。實際上，延長工作時間的習慣對管理者的確非常重要。

作為一名管理者，你不僅要將本職的事務性工作處理得井井有條，還要應付其他突發事件，還要去思考部門及公司的管理及未來發展規劃。有大量的事情不是在上班時間出現，也不是在上班時間可以解決的。這需要你根據公司的需要隨時為公司工作。上述種種情況，都需要你延長工作時間。

根據不同的事情，超額工作的方式也有不同。如為了完成一個計劃，可以在公司加班；為了理清管理思路，可以在週末看書和思考；為了獲取訊息，可以在工作之餘的時間與朋友們聯絡。總之，你所做的這一切，可以使你在公司更加稱職，進而鞏固你的地位。

習慣之二：始終表現你對公司及產品的興趣和熱愛。你應該利用任何一次機會，表現你對公司及其產品的興趣和熱愛，不論是在工作時間，還是在下班後；不論是對公司員工，還是對客戶及朋友。

當你向別人傳播你對公司的興趣和熱愛時，別人也會從你身上體會到你的自信及對公司的信心。沒有人喜歡與悲觀厭世的人打交道，同樣，公司也不願讓對公司的發展悲觀失望或無動於衷的人擔任重要工作。

習慣之三：自願承擔艱鉅的任務。公司的每個部門和每個崗位都有自己的部門及崗位職責，但總有一些突發事件無法明確地劃分到部門或個人，而這些事情往往還都是比較緊急或重要的。

如果你是一名合格的管理者，就應該從維護公司利益的角度出發，積極去處理這些事情。如果這是一件艱巨的任務，你就更應該主動去承擔。不論事情成敗與否，這種面對問題的精神也會讓大家對你產生認同。另外，承擔艱巨的任務是鍛鍊反應能力的難得機會，長久下來，你的能力和經驗會迅速提升。

在完成這些艱巨任務的過程中，你有時會感到很痛苦，但痛苦只會讓你成熟。

習慣之四：在工作時間避免閒談。可能你的工作效率很高，也可能你現在工作很累，需要放鬆，但你一定要注意，不要在工作時間做與工作無關的事情。這些事情中最常見的就是閒談。在公司並不是每個人都很清楚你當前的工作任務和工作效率，所以閒談只能讓人感覺你很懶散或很不重視工作。

另外，閒談也會影響他人的工作，引起別人的反感。你也不要做其他與工作無關的事情，如聽音樂、看報紙等等。如果你沒有事做，可以看看有關專業的相關書籍，查看一下最新專業資料等等。總之，你必須讓人感覺你在工作時間的每一分鐘都是充實和高效率的。

習慣之五：向公司領導提出部門或公司管理問題及建議。作為一名管理者，你必須始終以管理者的眼光觀察部門公司所發生的事情，並及時將發現的問題歸納總結，向公司領導提出管理建議。你的上級可能不會安排你做這些事情，但你的管理能力卻是上級考核你的重要內容。你必須讓別人感覺到，你始終關心著公司的發展。

除向上級提出管理建議之外，一些小的管理方法可以直接在部門內部實施。只要這些方法行之有效，提高了部門的工作效率，你的工作就會被肯定。

☑提高五種最重要的管理能力

任何一個人，都可能成為一名出色的管理者。但真正成為管理者的人數並不多，這並非誰有管理的天分，只是大多數人都沒有注意到管理的能力這個問題。管理者需要比非管理者更出色的能力，而這些能力並不神祕，只要注意，我們都可以做到。這些管理能力是：

(1)激勵的能力。優秀的管理者不僅要善於激勵員工，還要善於自我激勵。要讓員工充分地發揮自己的才能努力去工作，就要把員工的「要我去做」變成「我要去做」，實現這種轉變的最佳方法就是對員工進行激勵。如果我們用激勵的方式而非命令的方式向員工安排工作，更能使員工體會到自己的重要性和工作的成就感。激勵的方式並不會使你的管理權力被削弱。相反的，你會更加容易地安排工作，並能使他們更加願意服從你的管理。

作為一個管理者，特別是高層管理者，每天有很多繁雜的事務及大量棘手的事情需要解決，另外，還要思考公司的發展和未來。即便如此，管理者還必須始終保持良好的心情去面對員工和客戶。管理者的壓力可想而知。自我激勵是緩解這種壓力的重要手段。透過自我激勵的方式，可以把壓力轉化成動力，增強工作成功的信心。

(2)控制情緒的能力。一個成熟的領導者應該有很強的情緒控制能力。當一個領導者情緒很糟的時候，很少有下屬敢彙報工作，因為擔心他的壞情緒會影響到對工作和自己的評價，這是很自然的。一個高層管理者情緒的好壞，甚至可以影響到整個公司的氣氛。如果他經常因為一些事情控制不了自己的情緒，有可能會影響到公司的整個效率。從這個意義上講，當你成為一個管理者的時候，你的情緒已經不單單是自己私人的事情了，他會影響到你的下屬及其他部門的員工；而你的職務越高，這種影響力越大。

當管理者在批評一個員工時，也要控制自己的情緒，儘量避免讓員工感到你對他的不滿。為了避免在批評員工時情緒失控，最好在自己心平氣和的時候再找他談話。

另外，有些優秀的管理者善於使用生氣來進行批評，這種批評方式可能言語不多，但效果十分明顯，特別適用於屢教不改的員工。這種生氣與情緒失控不同，它是有意的，情緒處於可控狀態。

雖然控制情緒如此重要，但能真正能很理智地控制自己情緒的管理者並不多，特別是對於性情急躁和追求完美的管理者而言，控制情緒顯得尤為困難。

有一個簡單的方法可能會對控制情緒起到一些作用。當你非常氣憤的時候，可以這樣做：默念數字，從一到二十，然後到戶外活動五分鐘。

(3)幽默的能力。幽默能使人感到親切。幽默的管理者能使他的下屬體會到工作的愉悅。管理者進行管理的目的是為了使他的下屬能夠準確、高效完成工作。輕鬆的工作氣氛有助於達到這種效果，幽默可以使工作氣氛變得輕鬆。在一些令人尷尬的場合，恰當的幽默也可以使氣氛頓時變得輕鬆起來。可以利用幽默批評下屬，這樣不會使下屬感到難堪。當然，對於那些領悟性較差或頑固不化的人，幽默往往起不了作用。

幽默不是天生的，但它是可以培養的。再呆板的人，只要自己努力都可以逐漸變得幽默。美國前總統雷根以前也不是幽默的人，在競選總統時，別人給他提出了意見。於是他採用了最笨的辦法使自己幽默起來：每天背一篇幽默故事。

幽默不是諷刺，諷刺別人會使人厭惡，甚至產生對抗。諷刺式的幽默會讓別人感覺你在利用別人的弱點或短處，會產生很不好的影響。

(4)演講的能力。優秀的領導者都有很好的演講能力，特別是那些著名的政治家，無一例外是演講的高手。演講的作用在於讓他人明白自己的觀點，並鼓動他人認同這些觀點。從這點出發，任何一名管理者都應該學會利用演講表達自己。

管理者演講的對象不一定是很多人，可能僅僅是自己個別的下屬；演講的場所不一定是在會場上，很可能是在與下屬溝通時。演講的意義並不侷限於演講本身，演講可以改善口才及表達能力、增強自信、提高反應能力。這些素質會使你在對外交往和管理下屬時使自己遊刃有餘。

一個人的演講能力主要與他的演講次數成正比，與其他因素無關。也就是說，即使一個口才很笨拙的人，只要不斷的去演講，就會成為演講高手。培養自己演講能力的唯一可行辦法就是去演講，如果你比較膽怯，可以在人少的場合演講。實際上，演講最難的就是第一次，只要克服了心理障礙，演講並沒有什麼難度。

(5)傾聽的能力。很多管理者都有這樣的體會，一位因感到自己待遇不公而憤憤不平的員工找你評理，你只需認真地聽他傾訴，當他傾訴完時，心情就會平靜許多，甚至不需你做出什麼決定來解決此事。這只是傾聽的一大好處，善於傾聽還有其他兩大好處：其一，讓別人感覺你很謙虛；其二，你會瞭解更多的事情。每個人都認為自己的聲音是最重要的、最動聽的，並且每個人都有迫不及待表達自己的願望。在這種情況下，友善的傾聽者自然成為最受歡迎的人。如果管理者能夠成為下屬的傾聽者，他就能滿足每一位下屬的需要。

如果你沒有這方面的能力，就應該立即去培養。培養的方法很簡單，你只要牢記一條：當他人停止談話前，絕不開口。

☑提高管理者的團隊合作能力

隨著知識型員工的增多及工作內容智力成分的增加，越來越多的工作需要團隊合作來完成。傳統的組織管理模式和團隊協作模式最大的區別在於，團隊更加強調團隊中個人的創造性發揮和團隊整體的協調工作。如何協調個人成長與團隊成長的關係，使他們能夠相互作用、共同發展是一個值得討論的話題。

團隊協調模式對個人的素質有較高的要求，除了應具備優秀的專業知識以外，還應該有優秀的團隊合作能力，這種合作能力有時甚至比你的專業知識更加重要。作為團隊中的一員，我們應該從哪幾個方面來培養自己的團隊合作能力呢？

(1)尋找團隊積極的品質。在一個團隊中，每個成員的優缺點都不盡相同。你應該去積極尋找團隊成員中積極的品質，並且學習它。讓你自己的缺點和消極品質在團隊合作中被消滅。團隊強調的是協調工作，較少有命令和指示，所以團隊的工作氣氛很重要，它直接影響團隊的工作效率。如果團隊的每位成員，都去積極尋找其他成員的積極態度，那麼團隊的協調就會變得很順暢，團隊整體的工作效率就會提高。

(2)對別人寄予希望。每個人都有被別人重視的需要，特別是這些具有創造性思維的知識型員工更是如此。有時一句小小的鼓勵和讚許就可以使他釋放出無限的工作熱情。並且，當你對別人寄予希望時，別人也同樣會對你寄予希望。

(3)時常檢查自己的缺點。你應該時常檢查一下自己的缺點，比如自己是不是還是那麼對人冷漠，或者還是那麼言辭鋒利。這些缺點在單兵作戰時可能還能被人忍受，但在團隊合作中他會成為你進一步成長的障礙。團隊工作中需要成員在一起不斷地討論，如果你固執己見，無法聽取他人的意見，或無法和他人達成一致，團隊的工作就無法進展下去。

團隊的效率在於配合的默契，如果達不成這種默契，團隊合作則可能是不成功的。如果你意識到了自己的缺點，不妨就在某次討論中將它坦誠地講出來，承認自己的缺點，讓大家共同說明你改進，這是最有效的方法。當然，承認自己的缺點可能會讓你感到尷尬，但你不必擔心別人的嘲笑，你只會得到他們的理解和幫助。

(4)讓別人喜歡你。你的工作需要得到大家的支援和認可，而不是反對，所以你必須讓大家喜歡你。除了和大家一起工作外，還應該儘量和大家一起去參加各種活動，或者禮貌地關心一下大家的生活。總之，你要使大家覺得，你不僅是他們的好同事，還是他們的好朋友。

(5)保持足夠的謙虛。團隊中的任何一位成員都可能是某個領域的專家，所以你必須保持足夠的謙虛。任何人都不喜歡驕傲自大的人，這種人在團隊合作中也不會被大家認可。你可能會覺得在某個方面他人不如你，但你更應該將自己的注意力放在他人的優點上，只有這樣才能看到自己的膚淺和無知。謙虛會讓你看到自己的短處，這種壓力會促使自己在團隊中不斷地進步。

二、善於接受批評

任何人都有犯錯誤的時候。作為管理者有時也要接受別人的批評，甚至是下屬的批評。面對批評，管理者以一種怎樣的態度去對待，這展現著管理者的管理風格和管理素質。下面是管理者在接受批評時，應注意的幾個問題。

☑不要猜測對方批評的目的

管理者在接受批評時，不應該妄加猜測對方批評的目的。如果對方有理有據，對方的批評就應該是正確的。管理者應該將注意力放在對方批評的內容上，而不要去懷疑對方批評的目的。如果管理者讓對方察覺到了這些事情，對方可能不再會對管理者進行批評。久而久之，管理者的身邊只有那些唯唯諾諾的下屬，當管理者出現問題時，也不會有人站出來提醒你，這種結果往往是很悲慘的。

☑不要急於表達自己的反對意見

有些管理者性情比較暴躁，或者不太喜歡聽別人的意見。這時如果有人向他們提出批評，他們的第一個反應就是去反駁。立即反駁並不能使問題得到解決，相反的，可能還會使矛盾擴大。當對方提出批評意見時，管理者應該認真地傾聽，即便有些觀點自己並不贊同，也應該讓批評者講完自己的道理。

另外，管理者應該很坦誠地面對批評者，表現出很願意接受批評的態度。

☑讓對方說明批評的理由

有些人在進行批評時，喜歡將自己的意見概括起來，雖然說了一大堆，但很難讓人明白他具體在批評什麼。如果碰見這樣的批評者，管理者應該客氣的讓他講明批評的理由，最好能講出具體的事件。這樣做可以使管理者更加清楚地明白自己在哪些方面還存在問題和不足。另外，還可以讓無中生有的批評者知難而退。

☑承認批評的可能性，但不下結論

有時管理者對批評者所批評的事情可能還不是很瞭解，在這種情況下，不論承認錯誤，還是不承認錯誤都會影響自己被動的判斷力。最穩當的辦法是承認批評者的批評有一定的可能性和合理性，並且表示對批評者的觀點能夠理解。但不應該就批評本身下結論。

在此之後，管理者應該認真瞭解事情的當時情況，並進行認真地分析。最終對批評者的批評做出客觀的評價。

三、增強說服力

管理者的一個重要職責就是對下屬進行管理。在工作中，當管理者與下屬對某些事情的看法不一致的時候，管理者為了推動工作的進展，就有可能要對下屬做一些說服工作。說服能力是管理者的重要能力之一，提高管理者的說服能力有助於提高團隊的工作效率。下面是幾個如何提高說服力應注意的細節問題。

☑自信的語氣更易說服下屬

當下屬與管理者發生爭執時，下屬一般也會產生不安困惑和矛盾的心理。在這種心理作用下，下屬會更依賴強而有力的形式。管理者在說服下屬時，如果表現得非常自信，會使下屬不由地產生一種依賴心理，所以，管理者表現出自己的自信時更能使下屬轉變自己的觀點。

☑間接的說服有時更有效

在雙方觀點不一致的時候，特別是對於那些比較固執的員工，可能會有一些抵制的心理，如果這時管理者去進行說服，不會有太大的效果。比較好的辦法是透過「第三者」去進行間接的說服。「第三者」可以是公司的人事經理，或者行政經理等，也可以是當事人比較要好的同事。

在尋找「第三者」時，管理者要將情況向「第三者」解釋清楚，並且要確保「第三者」也贊同你的觀點。

☑說服必須簡明扼要

為了緩和談話的氣氛，管理者可以與下屬閒聊一些其他的事情，或者先對下屬某方面的突出表現進行表揚。但在涉及到需要說服的具體事情上時，一定要簡明扼要，讓下屬能夠很清楚地明白管理者的意圖。只有這樣才能達到說服的目的。

下面是吉姆和經理碰面時的談話：

經理：「吉姆，我想和你談談你的工作，你能到我辦公室來嗎？」

吉姆：「噢，好的，我這就去。」

經理：「我開門見山地說吧，你的工作近來很差勁，生產率下降了而且在三個截止日期之前你都沒有完成任務。」

吉姆：「我做的和過去一樣好。」

經理：「我不是說你工作好壞，我是指你做了多少以及你做得多快。」

吉姆：「但是，自從我們不得不採用新啟動程式以後，沒有人能做得和以前一樣多。」

經理：「吉姆，在我們確立新程式之前，部門的每個人都參加了協商——包括你在內，沒有人表示過不同意，如果你想談談別人的生產情況，你先看一下這張生產表。」

吉姆：「噢，好吧——他們都做得不錯，但是新的程式把我拋在後面了。」

經理：「吉姆，在我們開始新程式之前，你的產量就開始下降了。」

吉姆：「噢，好吧——他們都做得不錯。但是新程式……反正俗話說，老狗記不住新路。」

經理：「難道你們組長沒有向你全面說明新程式嗎？」

吉姆：「他說了，但是我想我沒有弄懂。」

經理：「他告訴我，他跟你說了好幾個小時。」

吉姆：「也許是我太笨了。」

經理：「我們會給你理解新程式需要的任何說明。如果必要的話，我會在你的生產線上做因應措施的安排。現在你能不能在最後期限內完成任務？吉姆，這是另一個問題。」

吉姆：「是的，但是我也許不能適應這些變化。」

經理：「吉姆，你能夠想辦法使自己工作效率更高。我會盡我所能去排除你實現績效的障礙，我會安排另一次會面和你一同歸納，幫助你達到生產標準的積極辦法。」

經理的語言簡明扼要，使吉姆很清楚地明白了他的意圖，達到了會談的目的。

☑書面批評更有效

任何人難免犯錯誤，即使是一些職務很高的人也不例外。對於公司幹部的過錯，松下幸之助絕不會視而不見，對他們採取姑息寬容的態度。相反，松下幸之助會提出書面批評，提醒他們改正錯誤。

松下幸之助批評人的宗旨是以理服人。譬如，有一次，松下幸之助把一個犯有過失的幹部叫來，對他說：

「我對你的做法提出書面批評。當然，如果你對我的批評毫不在乎，那麼，我們的談話就到此為止；如果你對此不滿，認為這樣太過分了，你受不了，我可以作罷；如果你心服口服，真心實意地認為我的批評有道理，那麼，儘管這種做法會使你付出一定的代價，但它對你仍然是值得的，你透過深刻的反省，會逐漸成為一名出類拔萃的幹部，請你考慮一下。」

聽了松下幸之助的這番話，那個幹部說：「我都明白了。」於是松下幸之助又問：「是真的明白了嗎？是從心裡接受批評嗎？」對方答道：「的確這樣想。」接下來，松下幸之助又說：「這太好了，我會十分高興地向你提出批評的。」

正當松下幸之助要將批評書交給那個幹部時，他的同事和主管來了。他說：「你們來得正好，我向××君提出了批評書，現在讓他讀給你們聽聽。」待那個幹部讀完批評書後，松下幸之助對他們三個說：「你們是很幸運的。如果能夠有人這樣向我提批評，我會感到由衷的高興。可是我想，假如我做錯了事，恐怕你們只敢在背地裡議論，而絕對不會當面批評我的。那麼，我勢必會在不知不覺中重犯錯誤。職務越高，接受批評的機會就越少。你們的幸運就在於，有我和其他領導者監督你們，批評你們。而這種機會對我來說是求之不得的。」

☑說服的場合必須舒適和安靜

如果有外人打擾，會影響說服的效果，說服的場合最好比較安靜和舒適。如果是在對自己有利的環境裡，如管理者的辦公室等，會更加增強說服的效果。另外，在一些特殊的場合，如午飯的時候，或一起外出的時候，隨意地進行一些說服工作，有時也會產生出其不意的效果。

四、輕鬆地領導下屬

很多管理者都有這樣的抱怨：為什麼我的下屬永遠不能和我步調一致？其實，沒有帶不好的兵，只有帶不好兵的將軍。遇到這種情況，管理者應該首先反省一下自己的領導方式，看看自己的問題出在哪裡。以下是一個成功管理者領導下屬應做的幾項工作，看你有沒有做到。

☑讓下屬瞭解事情的全域

安排工作時要說清目的和全域，而不是只告訴他「你現在該做什麼」。有些管理者認為「下屬做好當前的工作就行了，沒有必要瞭解事情的全域，因為我才是整體調度者」，這種觀念是錯誤的。如果你的下屬不瞭解事情的全域，他只能完全按照你的表面意圖去工作，不敢越雷池一步。工作中遇到的任何問題，他都要向你彙報，因為他不知道如何處理是正確的。這樣長此以往，你的下屬會成為你的「跟屁蟲」，工作能力不會有任何長進。

讓下屬瞭解事情的全域，並且瞭解其他員工是如何配合的，這非常有利於工作效率的提高。瞭解了全域，下屬就會明白這些事情的做事原則，在一些細節上就會靈活處理。久而久之，下屬就會認真地去思考自己的工作，並且會將自己的一些建議和想法告訴你，你不但多了一個好參謀，他的工作興致也會很強。

☑命令明確

在給下屬分配工作時，還要把你的工作命令講得明確，比如「這件工作要求什麼時候完成」，「完成的標準是什麼」等等，都要說清楚。命令明確為釐清職責提供了條件，當工作中出現了問題時，很容易分清是管理者的責任，還是下屬的責任。這樣可以防止相互推諉，減少工作中的管理矛盾。另外，它為客觀評價下屬的工作提供了前提條件。

☑讚揚下屬

每個人都希望得到別人的重視，每個人都希望得到別人的讚揚。讚揚是最廉價、最神奇的激勵方式。有些管理者認為：我已經為我下屬的勞動付出了工資，沒有必要去做這些事情。如果你這樣對待下屬，你的下屬也會這樣對待你，公司為我支付了工資，我為公司付出了勞動，所以我沒有必要關心公司的前途。如果管理者和員工形成這樣的局面，就很難有愉快合作的工作氣氛了。

☑誠實和值得尊敬

要想使下屬心悅誠服地聽從你的命令，你必須誠實並且值得下屬尊敬。你的誠實首先表現在你要勇於承認自己的錯誤，承認錯誤不但不會降低你在下屬心目中的威信，反而會增強下屬對你的信賴。

另外，對待下屬應該實事求是，如果下屬發現他受到了欺騙，則很難再恢復到原有的信任。你的言行必須為下屬提供表率，「言必行，行必果」必須是你的做事宗旨。你要求下屬做到的事情，必須自己先做到，否則就不要有這方面的要求。受人尊敬不是一件容易做到的事情，它需要你堅持不懈地提高你的修養。

☑提出問題，而不是簡單地下命令

南非約翰尼斯堡有一個專門生產精密機床零件的小製造廠。有一次該廠的總經理伊安・麥克唐納有機會接受一筆很大的訂單，但是他深知自己無法滿足預定的交貨日期。工廠的工作是早已計劃好的，這批訂貨所需要的時間太短，以至在他看來接受這批訂貨似乎是不可能的。

他並沒有為此催促人們加速工作完成這批訂貨，而是把大家召集在一起，向他們解釋一下面臨的情況，並且告訴他們，如果他們能夠按期完成這批訂貨的話，對於公司和他們將意味著什麼。然後他開始提出問題：「我們還有什麼別的辦法處理這批訂貨吧？」「誰能想出其他的生產辦法來完成這筆訂單？」「有沒有辦法調整我們的工作時間或人力配備，以便有助於完成這批貨？」員工們七嘴八舌提出許多想法，於是這批訂貨被接受了，而且按期交貨。

當生產難題擺在大家面前的時候，是不是簡單地下道命令讓大家去解決就完事了呢？過去的經驗已證明瞭它不是這麼回事。提出問題可能比下命令更易讓人接受。並且，它常常激發你所問的那個人的積極性。如果人們參與了下達一個命令的決策過程，他們就有可能接受這個命令。

☑以身作則，用實踐來管理

阿姆斯壯公司的老闆說過這樣一個故事：

最近我去了一趟在密西根州的阿姆斯壯工廠，在那裡我有了一個實踐自己主張的機會。我用了一整天時間做這些事，實行「走動管理」，「講故事管理」，強調果斷決策的重要意義。

等一切辦完已經是晚上五點四十五分了，而我六點鐘在卡拉瑪喬還有一個約會。你們可能不知道，從工廠到卡拉瑪喬得趕三十分鐘的路，換句話說，我遲到了。

走出來的時候，我遇到一個二十出頭的小夥子正在擦地板。從旁邊走過時他抬起頭對我說：「小心，我剛擦過地板，還是濕的呢。」

我道了謝，繼續走路。

走出門口時，我對自己說，「還不壞，大衛。你還有時間向一個可能這輩子再也見不到的人道謝，而且還不是阿姆斯壯公司的職員。」

又走了幾步，我意識到我是多麼的愚蠢。

我走回去到那個年輕人身邊，把手提箱放到地上，說：「打擾一下，我是大衛‧

阿姆斯壯。」

他把擦布放到地上，伸出了手。「我是傑弗瑞・哈德森。」

「傑弗瑞，謝謝你告訴我地板是濕的。要不然我可能把腿跌斷了。看到有人這麼自豪地對待自己的工作真是太好了。再次謝謝你。」

當我說完時，傑弗瑞早已是滿面笑容了。

「知道嗎，」傑弗瑞說，「是我老闆教會我做這份工作的。雖然我們總是立著『濕地路滑』的牌子提醒大家，但他說人們從不會注意看，所以我要隨時提醒走路的人，以免他們滑倒受傷。」

「傑弗瑞，你說得太對了。我就沒看到牌子，就更別說去讀了。請繼續提醒其他行人注意安全。」

在卡拉瑪喬約會我遲到了很久，但我卻感到欣慰。

用實踐來管理是最重要的。如果你要求部下尊重別人，你最好在任何時候都以身作則——即使趕時間的時候也要這麼做。這叫做誠實。肯定員工們的工作很重要，但僅此還不夠。不要表揚完了以後就一邊走開一邊說：「我今天已經做過好事了。」不管時間多麼寶貴，也花點時間去肯定他們出色的工作，讓人們看到你確實是這麼想的。

不要對員工忽冷忽熱。

此外，因為你代表了公司，如果你下班後的態度粗暴冷漠，人們會知道的。人們需要讚揚。這種讚揚不一定以金錢的方式表現，通常，他們所期待的只是一句「謝謝，你做得很好」。

☑不忽視小問題

如果公司裡大家最喜歡的一把椅子壞了怎麼辦？如果是老闆的椅子，你也會馬上去修嗎？如果是你的椅子，你會馬上去修嗎？

如果只是一個員工的椅子呢？

一天，永恆閥門分廠的一位祕書找到工廠主管，說：「迪克，女洗手間的馬桶座鬆了。」

「我馬上派人去修。」迪克回答。接下來迪克按照規程找來清潔人員，讓他們去處理這個問題。

兩個星期以後。

「迪克，你知道嗎？馬桶座還沒修好。」

迪克不相信。他立即跑到工程部找了一些工具，然後到女洗手間，敲門確認沒有人之後，推門走了進去。雖然他身上還穿著三件式的西裝，他還是趴下來修理。他一定要在今天把問題解決。真是多虧了他，問題解決了。

以身作則，榜樣的力量是無窮的。我想「永恆閥門廠」的每一位經理現在都會意識到認真對待員工有多麼重要。你的主管西服革履地去維修馬桶坐墊，這本身就是在明白有力地傳達著這個訊息。立即放下手中的工作去修理馬桶，迪克這麼做為每個人樹立了「立刻採取行動」的榜樣。迪克沒有因為手頭有很多工作或是穿著西服就把事情留到明天，而是馬上去處理問題。

領導者要傾聽意見。能夠注意認真聽取（真正地聽）是每一位成功領導者的特點。迪克聽到祕書的反映十分重視。要知道，是女洗手間裡的馬桶壞了。這不會直接影響到他個人的使用，因為他只去男洗手間。但是迪克關心他的員工，他用心傾聽員工的意見，解決了問題。任何小問題都不該被忽視。

五、做一個尊重別人的上司

傳統的科學管理理論重視理性因素，忽視人的因素。但企業的主體是人，如何對人實行科學管理，對現代企業的生存和發展有著極為重要的意義。

傳統的科學管理，以泰羅為其代表人物，基本上是一種理性管理。泰羅透過管理科學實驗，提出操作原則，強調透過加薪或其他制度等「硬性措施」來嚴格管理員工，規範企業行為。

理性管理突出表現在一切行為制度化，企業的運行嚴重依賴於嚴格的制度。這樣做自然能使企業運行有序，職責分明，為企業的發展提高效益。但又帶來一些官僚主義的不良影響，使人變得機械化，缺乏創造性。正因為這一點，理性管理也不是企業處於最佳運行狀態的充分條件。

當企業家看到，因為過分強調理性管理，導致企業內部僵化、缺乏活力時，應當及時充實管理的內容，為管理注入新的內涵。這時，就可以運用人性管理，把人性滲透到管理之中，融情感於理性。

人性管理有三層意思。第一層是它的表層意思：重視人的情感、情緒等軟性因素。第二層是中層意思：從以物為中心到以人為中心，從人是物的附屬品到人處於支配地位，是主體、主宰物。第三層是核心層意義：員工既是管理者，更是管理成員，吸收員工參與管理，這也是一切管理的核心所在。

要想別人怎樣對你，你就應該怎樣對別人——這是一條盡人皆知的為人處世的黃金法則。尊重是雙向性的，只有在身為經理的你尊重下屬的前提下，你的下屬才能更尊重你，配合你的工作。每個公司最嚴重的問題就是人的問題，員工是公司最重要最富有創造力的「資產」，他們的貢獻維繫公司的成敗。

每一名員工都希望自己的意見、想法被經理重視，都希望自己的能力得到經理的認可。一旦他們感覺到自己是被重視的、被尊重的，他們工作的熱情就會高漲，潛在的創造力就會發揮出來。

尊重是人類較高層次的需要。既然是較高層次的需要，自然不容易滿足，而一旦滿足了，則它產生的重大作用也是不可限量的。如何尊重下屬呢？以下幾條是最基本的建議：

☑不要對下屬頤指氣使

「小劉，去替我買一包香菸。」

「瑪麗，妳把我的大衣拿來，我要出門。」

在日常生活中有不少經理就是這樣隨意使喚自己的下屬，他們擴大了下屬的概念，把他們與傭人劃上等號。下屬們心裡會怎麼想呢？他們心中肯定充滿了不滿的情緒，覺得自己被輕視侮辱了，進而對經理有了牴觸的情緒，那他們還怎麼可能會把百分之百的精力投入到工作當中呢？如果員工們對經理抱有一種否定的態度，那麼他們又怎麼可能努力去完成經理指定的工作呢？

☑多用禮貌用語

當你將一項工作計劃交給下屬時，請不要用發號施令的口氣，真誠懇切的口吻才是你的上上之選。對於出色的工作，一句「謝謝」不會花你什麼錢，卻能得到豐厚的回報。在實現甚至超過你對他們的期望時，用一句簡單的「謝謝，我真的非常感謝」就足夠了，而下屬們會得到很大的滿足，何樂而不為呢。

☑專心傾聽員工的建議

當你傾聽員工的建議時，要專心，確定你真的瞭解他們在說什麼，讓他們覺得自己受到信任與重視，千萬不要立即拒絕員工的建議，即使你覺得這個建議一文不值；拒絕員工建議時，一定要將理由說清楚，措辭要委婉，並且要感謝他提出意見。

☑對待員工要一視同仁，不要被個人感情所左右

不要在一個員工面前，把他與另一個員工相比較；也不要在分配任務和利益時有遠近親疏之分。任何一個成功的經理，首先應該是一個尊重別人的領導人。

☑不懂得批評指責的經理人是錯誤的管理者

該訓就訓，該指責就指責，方能顯露經理的權威本色。逐漸讓下屬習慣於指責，自然而然，你的權威就會不嚴而立！

不知是否因為社會變得富有，導致現今我們很難遇到為了伸張自己的信念而與人激烈辯論的人，大部分的人皆保持著無所謂的心態，而且避免傷害對方。「別人是別人，我是我。」「只要能夠過自己喜歡的生活就可以了。」「要是能處理好自己的私生活，何必去議論別人誰對誰錯。」保持以上種種見解的人是愈來愈多了。

在這種風氣下培育出來的年輕人，很少有機會遇到挫折。他們未曾被父母責罵過，也不曾遭到鄰居老人的訓斥。很多老師對學生都儘量採取溫和教育。因此，要對這一代的屬下指責並非易事。

你必須做到一件事：就是必須與下屬保持一定的距離，因為在部屬腦中沒有上下的觀念。有時你以平和的口吻對下屬說話，對方卻誤以為你在與他交換意見或開討論會。若部屬的年齡與你相仿，情況可能更加難以處理。甚至下屬會認為你與他是平等的，你們只是朋友的關係。

你必須使部屬清楚區分你們之間的立場並不相同——我是官，你是兵。基於此，情緒性的發怒會有其正面的效果。你必須使對方瞭解「我是在生氣，是在責罵你」。

如果你突然怒罵一位尚未習慣於被指責的下屬，則可能使對方覺得愕然。他會感到極端地害怕，甚至反抗：「這種公司我待不下去了。」

曾經有這麼一個例子。一位被公司派到外地出差的新進職員，每次出差都需要母親隨待在旁，這是父母親過度保護造成的結果。像這種人即使受到些微的小挫折，也會想要離開所處的環境，以避免接觸煩惱。

像這種職員一旦離職，你會因此而被他人批評：「就是因為上司不好，才會使他待不下去。」相信你的內心不會好受，若你能用心栽培他，或許有一天他會成為公司的中堅分子也說不定。因此，儘量避免下屬辭職較妥當。那麼，此時你該如何處理呢？

不習慣被責罵的年輕人，當然也不習慣向他人道歉。在工作場所中即使你對他中傷，他也不會對你表示歉意。即使他內心非常後悔，他也不會表現出來。

通常上司責備部屬時，若部屬表示歉意，訓斥就會適可而止；若部屬始終保持沉默，或者盡是說些毫無道理的藉口，上司會更怒火中燒。一旦演變至此，上司的責罵會超越界限，永無休止。只要你發現「這小子很狡猾」時，就不要窮追不捨了。否則你會弄不清楚自己是為什麼而發怒。

有些部屬不習慣被責罵，有的甚至要求上司誇獎自己，他們會若無其事地說：「我是那種不被別人捧就沒有幹勁的人，若被責罵的話，一定會想辭職！」這類型的部屬其實就是將自己的個性隱藏起來，當然也掩藏自己應負的責任。他們卑怯，卻又要求他人不能指責只能讚揚，非常自私自利、好逸惡勞。若聽到有人說：「這兒的水好喝！」他一定會搖著尾巴狂奔過去。若你的手下當中有這種類型的人時，你必須在平常便預備好各種應對的方法，並且努力使他瞭解你真的很重視他。

一般說來，非常討厭被責罵的人，總無法瞭解被指責始於何事，以及將以何種方式結束，他就是害怕這一點。因此，當你對屬下說：「你來會議室一下。」花上三十分鐘，你一面聽他的辯解，一面指出他的犯錯之處，而在指責之後，就應該以「今後要更加小心」這句話來做為結束。

這類指責的方式在使用幾次之後，通常被責罵的人就能事先做好準備。即使在被指責時，也能暗自忖度：「再忍耐十五分種就可告一段落！」若部屬能夠達到此境界，他再也不害怕指責了。

被指責的機會增加，部屬甚至能夠分析經理們的習性，比如「那位主任相當重視批評意識」，「對於顧客抱怨的處理很敏感」及「似乎極端厭惡遲到」等等。

訓斥他人是件苦差事，被訓斥者更不好受。但指責對雙方而言，是一個很好的成長機會。你應該盡可能地將指責提升為更進一步的重要台階。

隨著指責機會的增多，你的指責技巧會愈來愈好，而對方亦能有所成長。此「方式」在任何場合，皆扮演重要的角色。它在人與人的交往上，是一個不可欠缺的互動關係。若不充足，人與人之間的對話會變得不投機，永遠無法瞭解對方的用意。

交涉、折中、討論、辯解、質問、道歉等等，皆是因雙方的融合才有其正面意義。若欠缺互動，指責就失去了意義，你將因此錯失難得的成長機會。

當人們認真向對方興師問罪時，才會說出真心話。指責者也好，被指責也好，若雙方皆能以誠心來溝通，相信可以更加加深彼此的理解程度，對於往後的一切事物，亦能產生相當大的助益。若能將此機會視為仇恨，則相當令人惋惜。

「雖然有些不放心，但是已經指責過，相信他應該能理解了！」當你有此念頭時，指責行為便可打住。然後最好在一旁默默觀察屬下的反應，再思考對策。

指責時，即便屬下沒有作適當的回應，你也不要生氣，也許他已經在反省，並且改善自己的工作態度。有時，下屬理解的程度，通常會超乎你的想像。

即使如此，你的內心依然感到不安，你的屬下會繼續做相同的事情，應毫無問題。

但若有一天屬下被調到其他部門服務時，會不會無法適當地處理客人的抱怨？然而凡事並非全如你所想的那麼困難，理應不會發生這種狀況。

以前那位輕易提出辭職的屬下，在習慣了工作的性質，累積了豐富的經驗之後，成為一位能夠圓滿解決各種問題的上班族，此類例子屢見不鮮。

當然，身為現代經理不要太鑽牛角尖，不要雞蛋裡挑骨頭嘮叨說個沒完沒了，只有保持一定的理性，才是上策。

六、批評下屬的原則

管理者賦有對下屬進行管理的職責，批評是管理的有效方式之一。如果管理者羞於批評，下屬就不會明白他的錯誤在什麼地方，更談不上改正錯誤了。雖然有些管理者經常批評下屬，但不見得下屬就能心甘情願地接受批評。批評也有批評的方法，要提高批評的效益，以下幾個問題應該引起注意。

(1)批評要具體。沒有人願意接受不明不白的批評，所以管理者在對下屬進行批評時一定要具體。管理者要讓下屬明白是什麼事情需要批評，批評的原因又是什麼。在批評時，管理者最好能與下屬一起分析事情的原因，並指出正確的方法。有時下屬會強調是因為其他客觀的因素造成的後果，與他本人無關。遇到這種情況，管理者不應一概否定下屬的觀點，應該從多個方面幫助下屬進行認真的分析，讓下屬弄清楚問題的關鍵在什麼地方。要記住：批評的目的不是責備下屬，而是讓他明白如何將事情做好。

(2)批評必須是善意的。如果管理者的批評不是善意的，批評只能成為製造下屬與管理者衝突的導火線。由於管理者可能長期對某位下屬的工作不滿，久而久之就會對這位下屬產生個人的看法，如果這種個人的成見在批評時暴露出來，會讓下屬懷疑管理者批評的動機。

批評本身就不是一件愉快的事情，所以管理者應該注意自己在批評時的態度，即便有些個人成見，也始終保持友善的氣氛。

(3)批評必須客觀公正。在批評之前，管理者最好能夠對事件的過程進行認真而細緻地調查。為了防止萬一，在批評下屬之前，應該讓下屬仔細地再將事情的經過覆述一遍，並讓他談談個人的看法。有時，你會透過下屬的談話發現一些你可能以前沒有注意到的問題。如果這些問題沒有得到解決，就不應該急於對下屬進行批評。

另外，當事件涉及到幾位下屬的時候，管理者應注意對相關的下屬都要進行相應的批評，而不是僅僅只批評其中的一個。如果批評有失公平，會引起被批評下屬的強烈不滿，甚至會產生對管理者的不信任。

(4)一次只批評一件事情。在每次批評時，僅對一件事情進行批評。如果管理者連珠炮式的批評，會增加下屬的對抗情緒，可能會使事情惡化。

有時，管理者在批評時，為了給自己尋找充足的證據，會將下屬以前的事情拿出來一起批評，這種方式非常容易損害下屬的自尊，一般不會取得很好的批評效果。

(5)小事避免批評。每個人都有自己的工作習慣和工作風格，管理者的批評應著眼於一些重大的事情或工作失誤上，對一些小事吹毛求疵會讓下屬感覺非常不舒服。如果是因為工作習慣和風格不同而去批評下屬，是非常錯誤的。

第四節 掌握讚美下屬的技巧

一、慷慨地讚美，思考任何可能的正面特質

☑讚美是最好的激勵

應該沒有人被稱讚卻覺得不高興吧。當面被稱讚固然令人喜歡，但有第三者來跟自己說：「×××對你讚不絕口噢。」會更令人興奮。

當想要讓討厭自己的人對自己產生好感，或是想激勵自己的部屬能再努力一點時，這種心理戰術就可以發揮很好的作用了。換言之便是在當事人不在的場合，大方地讚揚他的長處。

背地裡的稱讚和背地裡的批評一樣，一定會傳到當事人的耳裡。有些話當面說起來感覺像是騙人，一旦經過旁聽耳聞，往往就會讓人覺得是真話了。

擅於掌握部屬的經理人，對於這類人情世故的微妙之處應相當瞭解；反之，那種在人前隨意對部屬發牢騷的人，也就談不上是什麼好經理了。在能力佳且經驗豐富的經理人眼裡看來，部屬總是能力不足且反應遲鈍的。如果公然在人前抱怨這種理所當然的事，等於是在暴露經理人自身的無能。要是部屬真的能力不足，身為經理人此時才更應該設法協助他們努力上進才是。

一位曾在法式餐廳當主廚的一句箴言：「如果想吃到好吃的東西，祕訣就是一邊吃，一邊不停地念著：『好吃，好吃』。」

某晚，他淡淡地對一位朋友說：「在一流的餐廳吃到好吃的東西是很容易的，因為畢竟都是專業廚師做出來的菜。真正困難的是要如何讓自己的老婆，為你做出美味可口的菜，但其實這也是有祕訣的……」

他的理論是，不管一開始有多麼難吃，還是要不斷地稱讚「好吃，好吃」，如此一來，老婆的心情就會變好，自然能激勵她更加努力學習。人只要能為稱讚自己做菜好吃，便能更下工夫認真烹調，不論是誰都可能成為一流的烹飪高手。

要持續不斷地說好吃或許有點困難，但你不妨想想如果一說難吃，下次的東西可能就會變得更難吃，多少應該可以暫時忍耐一下。

☑確實地看出他人之長處

下屬：「鈴木好像很會收集情報。」
經理：「雖然他很會收集情報，可是太懶了。」
下屬：「高橋有異於常人的創意。」
經理：「他的想法太離譜荒謬，不合乎實際。」

像這種愛挑毛病的經理，常見於較大規模的公司中。上述對話中這位經理，以他評論家般的見解是不可能讓他的部屬發揮才能的。

對於經理而言，所謂「觀人原則」，就是要確實看出部屬優點的所在。在觀察的同時，當然也會發現部屬的缺點，但是只要這些缺點不至傷害於他人或企業，就勿須挑剔。愛挑毛病的人，其壞習慣，就是馬上會去找出他人的缺點，進而得意洋洋地在人前大肆宣揚；而一位訓練型的經理則是會主張取部屬之長，補部屬之短。

為什麼確實地看出他人之長處，是如此重要呢？

這是因為根據發現優點缺點的先後順序，會使你對同一個人的評價完全不同，而你的領導方針也會有一百八十度的改變。

如果為人經理者都能有這般積極的觀念，那麼無論是什麼樣的部屬，前途都會充滿希望。其實只要讓對方感受到這樣的用心，必然能給他很大的激勵。

☑努力從正面的角度去觀察他人

一個人會把焦點集中在他人的優點，還是只看到他人的缺點，與他本身的個性有相當的關係，但也可以經過訓練得到一定程度上的改善。他應該經常努力從正面的角度去觀察他人。

⑴個性悲觀、神經質——或許他較循規蹈矩，能否善用這一點？

⑵經常發呆：或許他正沉迷於什麼有趣的幻想中？

⑶工作效率差：或許他有不同於他人的執著？

⑷不擅於寫文章：或許他很會講話，或是積極性強？

⑸缺乏想像力：適合做常態固定性的工作？

我們可以試試將上段的缺點解讀成下段的想法看看。

以⑴為例，這樣的人如果遇到愛挑毛病的經理，將會被評為：「他會老是抱怨來抱怨去的，不能採用。」最後說不定他只能一輩子窩在業務裡，永無出頭之日；可是在訓練型的經理眼看來，卻會覺得這樣的人自律甚高，責令其製作報告，或交代他製作一份需要相當耐心的資料，他或許會有意想不到的優異表現。其實這都是看你從什麼樣的角度來看人。

再以(3)為例來說，這樣的人如果遇到普通的經理，一定會被狠狠地怒斥：「別老是慢吞吞的！要遵守交貨期！」雖然遵守交貨期是工作的基本態度，但是此時真正重要的，應該是找出作業遲緩的原因才是。

和一般想法不同的人，會對於大家認為理所當然的事有不同的堅持，或是無法認同向來的做法，所以他們最後常容易陷入自己的沉思之中。但是在這類型的人之中，偶爾會出現具備了卓越想像力的天才型人物，如果能發掘出他們的能力，進而加以訓練，說不定在某一個領域裡，他們能發揮出與百人匹敵的威力。

觀察部屬，思考任何可能的正面特質，使每個人力發揮到極致，可說是為人經理的任務之一。而在這方面，愛挑毛病的或是魔鬼教官型的經理就極容易犯下致命性的錯誤。因為他們在指出部屬的缺點大聲斥責之前，往往不會去慎重思考部屬潛在的才能。

二、把握好讚揚下屬的原則

讚揚是最好的激勵方式之一。如果管理者能夠充分的運用讚揚來表達自己對下屬的關心和信任，就能有效地提高下屬的工作效率。然而，並非每個管理者都懂得讚揚下屬。有些管理者雖然知道讚揚下屬的重要性，但卻沒有掌握讚揚的技巧，有時甚至弄巧成拙。

(1)讓讚揚更具隱蔽性。當著下屬的面讚揚下屬並非是最好的方法，有時這會讓下屬懷疑管理者讚揚的動機和目的。比如下屬可能會想「是不是自己做錯了什麼，他在安慰我，在為我打氣」。增加讚揚的隱蔽性，讓不相干的「第三者」將管理者的讚揚傳遞到下屬那裡，可能會收到更好的效果。管理者可以在與其他人交談時，不經意地讚揚自己的下屬。當下屬從別人那裡聽到了上級對他的讚揚，會感到更加的真誠和可信。

(2)讚揚具體的事情。讚揚下屬具體的工作，要比籠統地讚揚他的能力更加有效。首先，被讚揚的下屬會清楚是因為什麼事情使自己得到了讚揚，下屬會因為管理者的讚揚而把這件事做得更好。其次，不會使其他下屬產生嫉妒的心理。如果其他的下屬不知道這位下屬被讚揚的具體原因，會覺得自己得到了不公平的待遇，甚至會產生抱怨。讚揚具體的事情，會使其他下屬以這件事情為榜樣，努力做好自己的工作。

(3)讚揚應發自內心。不要為了讚揚而讚揚，讚揚應該發自管理者的內心。如果下屬感覺到管理者是在故意的讚揚，有可能會產生不良心理反應，甚至會認為管理者是虛偽的。另外，讚揚也不應該在安排工作任務時進行，這樣也會讓下屬感覺管理者的讚揚並非發自內心。

⑷讚揚工作結果，而非工作過程。當一件工作徹底結束之後，管理者可以對這件工作的完成情況進行讚揚。但是，如果一件工作還沒有完成，僅僅是你對下屬的工作態度或工作方式感到滿意，就進行讚揚，可能不會收到很好的效果。這種基於工作過程的讚揚，會增加下屬的壓力，他會想「如果不能很好地完成任務怎麼辦？那該讓管理者多麼失望和沒有面子。」如果下屬長期處在這種心理壓力之下，久而久之會對管理者的讚揚產生條件反射式的反感。

看來，這種讚揚很可能會成為管理者對下屬的「折磨」。

⑸讚揚特性，而非共性。讚揚一位下屬，一定要注意讚揚這位下屬所獨自具有的那部分特性。如果管理者讚揚的是所有下屬都具有的能力或都能完成的事情，這種讚揚會讓被讚揚的下屬感到不自在，也會引起其他下屬的強烈反感。

瞭解員工行為動機，激發人力資源的潛能

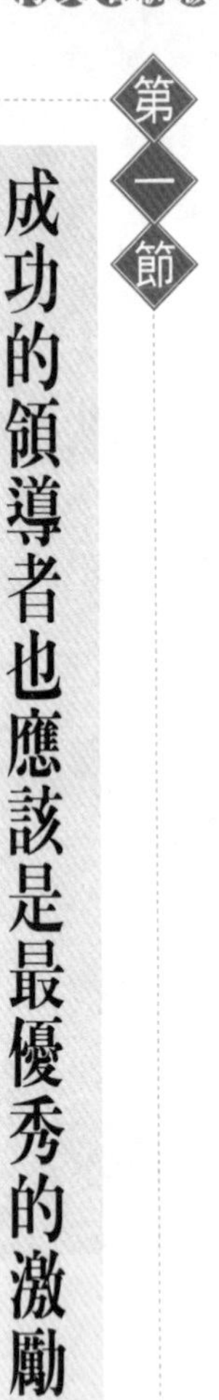

第一節 成功的領導者也應該是最優秀的激勵者

一、瞭解影響個人動機的因素

許多管理人員、教育工作者、心理學家等都很關心人的動機問題。所謂動機，是指激勵人去行動的主觀原因，經常以願望、興趣、理想等形式表現出來。它是個人發動和維持其行為，使其導向某一目標的一種心理狀態。

產生動機原因有二，其一是需要，包括生理需要和社會需要；其二是刺激，包括內在刺激和外在刺激。在同一時刻，人的動機有若干個，但真正影響行為的動機只有一個，有時還會產生複雜多樣的甚至互相矛盾的動機，這時就須透過思想教育，使其中一種動機佔優勢，即為優勢動機。動機具有始發功能、選擇功能、強化功能和為了達到目標而形成一定模式的調整功能。

根據西方學者的看法，三種因素決定個人的動機表現，即個人動機因素、組織動機因素、組織與個人因素相互作用（相稱或牴觸）因素。一個人對他的工作行為滿意了，就會形成一股內在力量，繼續影響他未來的行為。有些人卻將一種報酬的價值看得比另一種報酬的價值要高。

斯蒂爾和波特在《動機與工作行為》著作中指出，個人的興趣、態度和需要三個主要方面的因素影響著個人的動機。

所謂「興趣」，是指積極探究某種事物或某種活動的意識傾向。興趣的產生來源於社會實踐。由於人們參加各種社會實踐活動，因而會形成各種不同的興趣：又由於對事物或行動本身感到需要而引起直接興趣；還由於對事物或行動的目的和結果感到需要而引起間接興趣；有產生於活動過程中而在活動後即消失的短暫興趣；也有成為個人心理特徵的穩定興趣。

人的興趣還有廣泛和狹隘的差異，廣泛的興趣能使人接觸多方面的事物，獲得廣博的知識，而興趣狹隘者則相反。所謂「態度」，是指對事物的看法和採取的行動。在社會心理學中，態度也稱社會態度，指個人對社會事物（人、事、物、群體、制度、觀念等）所持有的穩定的心理傾向。

態度不是與生俱來的，而是經過社會化逐漸形成的，它可成為人格的一部分，但它並非一成不變，而是隨著社會環境的改變而改變。態度的形成和改變，以個人價值觀的形成和改變為基礎。

態度是由認知、情感和行為傾向三個因素構成的。在這裡認知因素是基礎，情感因素在態度中扮演著調節作用，而行為傾向則約束著人們對某一事物的行為方向。這三個因素缺一不可，三者協調程度越高，態度就越穩定，反之則不穩定，態度容易改變。

態度作為認知、情感和行為傾向的總和，有其自己的特性：

◇社會性，即態度是後天形成而不是先天的。

◇雙向性，即態度物件可以變為主客體。

◇協調性，即構成態度的因素基本是協調一致的。

◇穩定性，指態度一經形成將持續一段時間而不易改變。

◇內隱性，即態度存在於人們的內心世界。

所謂「需要」，是指個人生理和心理上的鉅望或要求。當一個人的需要未滿足時，他會更加努力以能滿足他的需要。

馬斯洛認為人的需要可分為五個層次，他把這五種基本需要分為高低二級，其中生理的需要、安全上的需要、社交的需要屬於低級的需要，這種需要透過外在條件使人得到滿足；尊重的需要、自我實現的需要是高級的需要，它從內在使人得到滿足，並且永遠不會使人感到完全滿足。馬斯洛人類需求五層次理論在西方被廣為接受。

二、培養激勵的溫床

管理者的最高境界，在於讓被領導者瞭解團隊的目標，並且激發他們的工作熱忱，而自動自發、無怨無悔，共同完成任務。簡單地說，領導的奧妙在於如何「激勵」部屬，鼓舞他們為自己和組織奮鬥不懈。一位成功的領導者，毫無例外地也是一位最優秀的激勵者。

優秀的激勵者最重要特徵之一，就是他相當熟諳「要先激勵別人前先激勵自己」的道理，他懂得隨時鞭策、砥礪自己，控制自己的情緒，而為人表率。因此，你若不懂得如何激勵自己，你就很難成為一位成功的激勵者。

建議你在學會如何激勵自己的工作團隊之前，一定先要完成「瞭解激勵自己的因素是什麼？」這個習題。因為它可以幫助你很快找到激勵他人的因素，讓你從中悟得激勵的意義，並獲得各種有效的激勵要領。

值得一提的是，人人都有不同的激勵因素，而且，它們也會隨著時空變遷而不斷改變，這點不得不加以注意。

請記住威廉‧柯漢的一句話：「領導者必須走在所有部屬的前面。」走在部屬的前面，是成功激勵者身上最常表現的一種基本行為。是的，一位好的領導者非得以身作則不可。做好並做對每件事情，這樣才能身先士卒，激發「激勵」部屬們的幹勁，率領他們更有效率地工作，進而受到部屬愛戴和崇拜。

永遠走在部屬的前頭，上行下效，自然就上下同心，氣氛俱起，大家一起實現目標，「激勵」就變得不是什麼困難的事了。永遠記住：光是擁有經理的頭銜、權力，並不能使你自動成為一位領袖人物。你必須相信「激勵」的魔力和魅力，學習更多、更有效的激勵才能，並加以實踐，才能成為一位真正的領導人。一位好的領導者，每天都得不厭其煩地反覆做「激勵」這件事。

有位專家將「激勵」比喻成一把寶刀，有刀刃，也有刀背，用得正確，用對地方，用對時機，效果很好，反之則可能傷到自己，危及組織。因此，領導者更須抱持著恭敬虔誠的態度，用心學習正確的激勵之道。

「激勵」部屬的第一課，是你自己首先要建立一套正確的激勵理念：

◇部屬的動機是可以驅動的。
◇絕大多數的部屬會喜歡自己的工作。
◇部屬都期望把工作做好、做對，而不存心犯錯。
◇每位部屬對需求的滿足有完全不同的期待。
◇部屬願意自我調適，產生合理的行為。
◇金錢有相當程度的激勵作用。
◇讓部屬覺得重要無比也是一種激勵手段。
◇激勵可以產生大於個體運作效果和績效。

激勵，作為在企業管理中的一種職能，是根據某具體目標，為滿足人們生理的、心理的願望、興趣、情感的需要，透過有效地啟發和引導人的心靈，激發人的動機，發掘人的潛力，使之充滿內在的活力，朝著所期望（或規定）的目標前進。

這是一種目的性很明確的管理活動。這個活動過程是：

「刺激——需求——動機——行動。」

激勵，從管理角度看就是要賦予員工以完成工作效益目標所需的動機或動力。作為企業決策人，無不希望自己的員工為實現企業的生產經營目標而努力不懈，而員工也無不是想透過自己的努力，得到生活的需要，即吃、穿、住的滿足，安全的需要，即勞動保護、勞健保和退休金制度的待遇滿足；社交的需要，即希望從集體中得到和睦、友誼；被尊重的需要，即自主、自尊、地位、榮譽及自信心；自我實現的需要，即希望自己的才能和潛力能夠在最大限度的範疇中被發揮出來，希望自己的工作稱職，在事業上有成就。

對此，企業決策人應當正確、充分地運用激勵機制和領導藝術，並以自己的良好語言修養和自律行為影響和引導這個激勵過程，給員工創造一種良好的工作環境和能施展才能的有利條件，使被激勵人在致力於實現整體工作目標中能達到個人期望的目的。

三、針對性的統籌運用激勵

激勵有它特定的運行規律。要達到受「激」而「勵」的功效，首先應掌握和認識激勵的分類，有針對性的統籌運用。在此，我們根據企業在生產實踐中的探索，概括地歸納為下列主要類別：

(1)精神激勵：精神激勵是一種深入細緻、複雜多變、應用廣泛、影響極大的工作，它是管理者用政治教育、宣導企業精神，培養有理想、有道德、有文化、有紀律的新型團隊的有效方式。比如在企業各級組織中舉行有領導的競賽活動，能有效地統一團體與個人的目標，以激發團結合作的整體積極性，提高工作效益。它能增高人的智力效應，啟發豐富想像，發揮創造性。它還能促使人的感覺、知覺敏銳準確，注意力集中，提高操作能力。

舉辦競賽，還能提高產品生產的數量與品質。團體間的競賽，能緩和人際矛盾，增強團體榮譽感，積極為團體貢獻。企業的精神激勵任務，就是決策人善於發揮員工的進取奮發精神的作用，在給予他們鼓勵的同時，幫助他們消除各方面消極的影響，以使大家的積極性得到最大的發揮。

(2)情感激勵：情感是人對客觀事物所表現出的一種感覺的態度。它能反映人對事物作用後的好惡傾向。如企業領導對員工的關心和信任，把團體的溫暖送到他們身邊，可以激發他們對企業的熱忱和本身工作的責任，強化他們對企業的情感。情感激勵的形式是多樣化的，幫助解決生活與工作上的實際困難，促進他們積極上進，從另一個角度給予激勵，促進工作效益。

總之，企業的決策人要想達到激勵決策的作用效果，應把情感的激勵貫穿於激勵的過程，把對員工的情感直接與他們的生活和心理需要相聯繫，並力求他們的個人願望現實化，使之情緒始終保持在穩定、愉快、積極的狀態中，以促進工作效益的水準。

(3)物質激勵：追求生活的需要，是人生存的本能。它在客觀上是反映在物質需求的基礎上，在需求合理、情況允許的前提下，企業從具體實際出發針對不同性質的需要特點，引導他們對目標需求所肩負的責任及工作效果的客觀認識，不要超越客觀現實，把需要放在現實的基點上。以適當的物質的手段來刺激工作人員，以喚起人們對慾望目標的追求，並激發人的上進心，促進人們對自身社會價值的認識。

與此同時，物質激勵的作用要放在思想品德和道德情操的培養重點上，立足點則要放在激發人的主觀持久性上，才會有更好的功效。因此，從這個意義出發，要把物質激勵和精神激勵結合在一起。

(4)民主激勵：在企業中，每個員工都是一定的工作角色，都是處在公平、協調、尊重、平等的人際關係中共事。就是企業管理領導者也應是在支援、引導、啟發人的工作自覺性中施行監督控制。民主經理是企業的本質，因此，企業應在集中管理的體制原則下反映最大限度的民主，維護和尊重員勞資雙方的地位。

在企業中，即使是有不符合整體利益的行為，也應當以紀律和制度來減少和消除其實現利益的可能機會。俗話說得好「遣將不如激將」。換在企業裡面，這句話的意思就是：命令下屬去做某件事，不如激勵下屬去做某件事。

部屬好比一塊原石，領導者必須「雕琢」它，讓它有價值，變成美麗的寶石。「雕琢」就是「激勵」的同義語。有人說：「過度的壓力可以讓天才變白癡。適當的激勵，卻可以讓白癡變天才。」這句話一針見血，直接道出激勵力量的強大。

四、羅克式十五種激勵法則

高級管理者承認羅克式十五種激勵法則的可行性，因為它是有超強實戰性。積極向上的工作環境，需要自信心的員工。行為科學認為，激勵可以激發人的動機，使其內心渴求成功，產生推動人朝著期望目標不斷努力的內在動機。不過在實施激勵以前，經理應該清楚，激勵員工想要達到什麼目標。

羅克是哈佛經營謀略的知名專家，他提出了十五種激勵方法，被稱為「羅克式十五種激勵法則」。

(1)目標確定以後，經理就可以為員工提供一份挑戰性的工作。按部就班的工作會消磨鬥志，公司想要員工有振奮表現，必須使工作富於挑戰。

(2)讓員工得到應有的設備，以便把工作做到最好。擁有本行業最先進的設備，員工便會自豪地誇耀自己的工作，這誇耀中就蘊藏著巨大的激勵作用。

(3)在項目、任務實施的整個過程中，經理應當為員工完成工作提供訊息。這些訊息包括公司的整體目標及任務，需要專門部門完成的工作及員工個人必須著重解決具體問題。

(4)做實際工作的員工是這項工作的專家，所以經理必須聽取員工的意見，邀請他們參與制定與其工作相關的決策，並與之坦誠交流。

(5)如果把這種坦誠交流和雙方訊息共用變成經營過程中不可缺少的一部分，激勵作用就更明顯了。公司應當建立便於各方面交流的問題，訴說關心的事，或者使問題得到答覆。

(6)研究顯示，最有效的因素之一就是：當員工完成工作時，經理當面表示嘉許。這種祝賀要來得及時，也要說得具體。

(7)如果不能親自表示祝賀，經理應該寫張便條，讚揚員工的良好表現。書面形式的鼓勵能使員工看得見經理的賞識。

(8)公開的表彰能加速激發員工渴求成功的鉅望，經理應該當眾表揚員工。這就等於告訴他，他的成績值得所有人關注和讚許。

(9)如今，許多公司視團隊合作為生命，因此，表彰時可別忘了團隊成員，應當開會慶祝，鼓舞士氣。慶祝會不必太隆重，只要及時讓團隊知道他們的工作相當出色就行了。

(10)經理要經常與手下員工保持聯繫。格拉曼認為，跟你閒聊，我投入的是最寶貴的資產——時間，這表示我很關心你的工作。此外，公司文化的影響也不容忽視。公司要是缺少積極向上的工作環境，不妨把幾項措施融合起來，善加利用。

(11)首先要瞭解員工的實際困難與個人需求，設法滿足。這會大大增加員工的積極性。

(12)如今，越來越多的人們談到按工作表現管理員工，但真正做到以業績標準提拔員工仍然可稱得上一項變革。憑資歷提拔的公司太多了，這種方法不但不能鼓勵員工創佳績，反而會養成他們觀望的態度。

(13)談到工作業績，公司應該制定一整套內部提拔員工的標準。員工在事業上有很多想做並能夠做到的事，公司到底給他們提供了多少機會實現這些目標？最終員工會根據公司提供的這些機會來衡量公司對他們的投入是否被重視。

許多人認為，工作既是謀生手段，也是與人交往的機會。

⒁洋溢著社區般的氣氛，就說明公司已盡心竭力要建立一種人人鉅為之效力的組織結構。士氣低落會使最有成功欲的人也變得死氣沉沉。

⒂員工的薪水必須具有競爭性。即要依據員工的實際貢獻來確定其報酬。

上面這些方法都是一些實戰經驗，所謂激勵員工，說穿了就是尊重員工，這也正是當今已近精疲力竭、麻木不仁的員工所最需要的。

從平時做起

一、善於傾聽下屬的意見

☑表明自身的熱誠與努力

不論是哪一家公司，都存在有那種喜歡把「絕對……」、「一定……」掛在嘴上的經理。

有時候年輕職員在熱烈討論時會說：「這個點子絕對行得通，請你務必採用。」或是說：「如果全部交給我處理，我一定會讓業績增加一倍。」

這種充滿自信與志氣的說法，反而是相當值得讚許的。因為此時的「絕對」與「一定」代表說話者本身的意志，極有可能藉著自身的努力來實現。像這類表達自身堅決意志的說法，與「那種方案一定不行！」這樣的說法，從表面上看來似乎極為相似，事實上卻是大異其趣。

前者屬於說話者自身之熱誠與努力的表現，相對於此，後者會深深刺傷對方的心。

老是喜歡用「那種方案一定不行！」這種口吻說話的人，也常常會怒斥：「你為什麼聽不懂我說的？」「你怎麼那麼白癡！」簡單說，這種人必定是自私、自以為是的人。遇上了這種類型的經理，有個性的部屬會和他正面衝突，但是這樣的衝突其實一點意義也沒有。就算爭論到聲音都啞了，也很難達成共識，說不定反而把自己搞得精疲力竭，彼此心裡留下了疙瘩，甚至還因大聲的爭吵影響到周圍的人。

那種自以為是且採用高壓政策的人，可明顯區分為對自己具有絕對的自信者和完全不具有自信者兩種，但是這兩種人有一個共同點就是自尊心極強，同時還有著凡對自己有所批評的人一律視為敵人的傾向。

☑先接受他人意見，然後再提自己想法

若是為了爭辯而爭辯，那麼大聲叫罵也無可厚非，但如果真的想讓對方聽自己的意見，則必須採用迎合對方的說話技巧。碰到凡是認為只有自己是對的，而且習慣以這樣的態度說話的經理時，應該先聽聽他的意見。

如果與他正面衝突說：「不對，您這樣想是很奇怪的。」無非是自己招惹事端，最後必定是以激烈的爭吵落幕。「除非採用我提的方法，否則絕對行不通。」如果實在想這麼說，那就應該先聽聽對方的意見，不論是什麼樣的情況，尤其是在面對自以為是的經理時，更是不可當場提出反對意見。要讓對方感受到你洗耳傾聽的態度，將會大大滿足他的自尊心。

傾聽之後，另找機會慢慢提出自己的看法。大體上最好順應對方所言，或是順著對方的思路走，再從中儘量反映自己的想法較好。「我仔細思考過科長您所說的話，大概有一些瞭解了，只是關於某某的部分，如果加以修改的話那麼就比較好了吧？」這是基本的說法，換句話說，必須先肯定對方的想法，而為了創造出更大的價值，於是再提出附加的新提案。

對於這種建議略做修正的提案之中，對方可以自然地認同自己大部分的意見。在那些受高壓政策的經理下面做事的人，這樣的結果應該也算是理想了。如果對方是個能夠傾聽部屬反對看法的經理，應該勇敢反駁才是，可是如果跟那種眼光短淺的經理執意頂撞，很可能害得自己坐上冷板凳再不被重用。

這樣的例子我們聽了很多，所以那種「事倍功半」式的對抗是錯誤的。就算你遇到頭疼的經理，也應該藉此更加磨練此種待人處世的能力，有技巧地操縱經理，才能在組織中實現自我。只要持有這樣的想法，堅忍努力，再怎麼任性無理的人都有可能被你柔性的提案所打動。

二、關心員工，從小事做起

關心員工，應該從小事做起。如從職員第一天來上班時起，就應該讓他們感到他是屬於周圍環境的一部分。首先要告訴新職員把外衣掛在哪兒，到哪裡吃午飯。不要小看這些不起眼的事，第一天印象的好壞關鍵就在於此——而且這種影響會一直留到以後。然後指派專人——最好是與新職員的同齡、同性別的人在開始一、兩週裡對新職員提供幫助。要保證對新職員進行有效的監督，並有人隨時解答他們的疑難問題。恰到好處的引導和介紹，可以使新職員很快地加入到老職員的隊伍中，為企業努力工作。

工作條件對職員來說也很重要。有時候，就因為沒滿足職員一間暖和一點的辦公室或是一把新一點的椅子的要求而引起他的不滿，為這麼點小事挫傷一名優秀的職員，簡直是愚蠢之極。

為了增強員工對工作的興趣，不妨試試工作崗位輪調。當然，這種辦法不是每個地方都適用，但只要可能，就試一試，因為這樣做能夠減少職員的厭煩感，使其產生一種新鮮感，進而提高工作效率，並永遠保持愉快的心情。

如遇員工提出什麼建議，千萬不要充耳不聞，不當回事。要建立一套獎勵制度，如果提出的建議合理，應予以獎勵。許多大公司就因為實施合理化建議有獎的辦法，進而每年為企業節省不少錢。

凡是稱職的員工都有可能想出一些振興企業的方法。要時時刻刻準備誠心誠意地與那些希望就這些問題向你提建議的人進行討論。

對員工的各種理想的、必須的目標和打算不能不聞不問。一般情況下，只要你瞭解到了，就應該在一定時間內讓這些目標得以實現。如果對此根本不予以瞭解，讓他的想法壓在心裡，就會引起彼此間的不愉快和矛盾衝突。

你同時還要關心他們的健康和生活福利。只要能給予幫助的，就應提供幫助，這樣你會收到事半功倍之效。設置小餐廳，特別是在給予補貼的情況下，不但會使員工獲得一定的實惠，而且，企業也同樣會因此而受益。吃得好、休息得好的員工在下午的工作中會更有衝勁。

除此之外，向員工提供一些附加的福利。有時候和員工的談話可能沒有多少愉快的事可說，相反的，卻需要討論和決定一些懲戒問題。對此，只要公平合理就能把事情辦好。

總之，關心員工應該從一點一滴做起。

三、和屬下合為一體，共同把公司的事業向上提升

統禦部下並非只是讓部下單方面的工作而已，優良的管理是經理與部下共同協調行動的結果。如果部下太在意上司，只看上司的臉色變化，若臉色不好看時，便戰戰兢兢，見上司滿面春風，就想盡一切辦法討好上司，這樣的部下怎麼安心工作？無論上司在與不在，都可以順利地展開工作，這種情況最為正常，這也是經理所追求的辦公的最佳狀態。

經理要意識端正，你所要追求的便是公司的發展，工作效率的提高，而不是一定要讓員工圍著你團團轉，以獲得虛榮心和滿足感。

比如說，人和馬一起過河，聰明的人一般是下馬來與馬一起游過去，抓住馬繩，使其自主地游泳，馬就可以將人繼續向前拉。而外行人則一定是騎著馬過河，那麼，馬是無論如何也無法把人帶過湍急的河流。

這就好比經理與部下之間的關係，經理若是在公司內作威作福，那麼真正出色的

員工是絕不會繼續為你效力的，只有經理和員工合為一體，互相協助，互相勉勵，才能共同把公司的事業向上提升。因此，在處理與屬下關係時，經理要盡力做到：

(1)工作勤奮、生活充實。表率的作用是巨大的，若你自己勤奮努力，那麼屬下自會受到影響而努力工作，心理也就更加平衡，因為經理也在和他們一樣地工作。另外，經理生活充實，不要顯出一副懶散、沒精神的樣子，同樣也會激勵屬下與你共同奮鬥。

(2)互相勉勵、共同進步。經常勉勵部下，是增進上下關係的一種有效手段。同時身為經理，不要拒絕部下善意的勉勵，共同進步才是公司發展的動力。

協調的功能在於使一個組織中的所有部門的工作同步化與和諧化，以便達到共同的最終成果。協調影響到在一起工作的每一個人、群體、組織部門。缺乏協調就會在時間、勞力和金錢上造成巨大的浪費。

對協調的最有效的影響來自一個組織中主要負責人的個人自覺、洞察力和領導能力。沒有什麼東西可以代替主要負責人自上而下的個人影響力，以及組織中橫向的和自下而上的影響力。

良好的協調開始於健全的觀點、態度和計劃。良好的協調還要求有才能的人員，相互信任，全體管理人員和整個員工團隊的各種活動的持續、一貫的結合、良好的團結精神和高昂的士氣。但是，如果員工對領導方式感到不滿足，就不會有良好的團結精神和高昂的士氣。

組織機構對協調有著重大的影響。因為，組織機構決定著支配所有命令路線、訊息傳遞管道和關係模式的框架，而企業協調一致的綜合成果正是由這些結合而成的。

第三節 物質激勵永遠是最有效的方法之一

一、永遠不要忽視金錢的激勵作用

☑讓真正努力的員工得到最好的報酬

每個人都有一些與生俱來的需要，如穩定的收入和被人接受等生存需要，希望別人尊重自己，渴望成功。這就構成了人的內在動力。各種機遇如加薪、升職等，和各種風險如失業也會對個人目標產生影響。要使企業有更多受到高度激勵的員工，就應去尋找個人需要與企業管理風格相吻合的人，或者調整企業的管理風格適應員工的需要。

雖然有人認為金錢激勵有一定的負作用，但是無論對誰，更高的收入總是富有誘惑力的。對於拼命向上的人，賺錢狂和追求成就者，金錢激勵就更為有效。要讓員工更加努力，就要獎勵員工的出色表現。

為了獲得最好的結果，經理人員必須付給員工適當的報酬。這樣才能留住最好的員工，為企業做出貢獻。可是很多經理的邏輯是支出的工資維持在最低水準。他們認為員工是成本的一部分，只想到如何減少成本以保證利潤最大化，至於報酬與效果之間的良性關係，他們是看不到的。

其實，員工就是最大的資產，這是商業中的一個普通常識。必須對員工進行投資以保證長期利潤，公司的人員財產必須維持並發展，以保證和增加其價值。在工作之中，員工必須感受到自己的價值得到了他人的承認。不管你使用多麼美妙的言辭表示感激，不管你提供多麼良好的訓練，他們最終期望的是得到自己應得的報酬，以讓自己的辛勞得到代價。

員工會按照市場情況和一些相關的物件進行比較，他們以自己的收入來確定對工作的滿意程度。不管一個人多麼高尚，即使可能會用謀求個人發展而犧牲收入，但不可能長期如此，因為他們要生存。最好的老闆總是在員工要求增加薪資前就為他們作好考慮，他們積極主動調查市場，保證自己員工的報酬比其他公司要高。這樣可以讓員工的寶貴精力和智慧用於實現最好的結果，而不是計較個人的報酬。聰明的管理者會積極主動地支付報酬，而不等待員工提出要求。

可是，即使你付的工資很高，還是有人不能滿意，一旦員工開始為工資而抱怨，公司最好的員工就會離去，以便尋求更高的工資。經理人員必須高度注意這個問題。解決的辦法就是以個人業績作為報酬的依據。

你應當讓員工清楚，真正努力的員工將會得到最好的報酬，但他們不會無緣無故得到報酬。付給員工的工資也必須考慮市場因素。真正的競爭是獲得一種寶貴的財富所產生最好的結果，真正的競爭必須擁有最好的員工隊伍，並根據其貢獻程度給予最合理的報酬。

另一種理想的報酬方式是讓員工擁有公司的股份，讓他們完全將個人利益與自己的努力結合起來。同時也應注意，儘量使報酬支付的形式簡單化，將事情弄得越複雜，越容易導致更多的不滿和爭議。

☑不能輕易削減員工的利益

給予員工的利益，只有逐步增加，而不能減少。而且增加也應是員工能夠理解、體會，並有實際意義的增加。空頭支票或員工不願意接受的替代物，都會遭到反效果，這是一條不變的定律。

創辦美國玫琳凱公司的玫琳・凱，曾受雇於一家公司。這家公司有一次決定重新修訂傭金的辦法，在修改完所有的公司目錄和公司條文後，公司的老闆準備在一系列的地區銷售會議中，親自宣佈修改後的新辦法。玫琳．凱陪同他參加了第一個會議。

參加會議的有將近五十位經理。老闆說，從今天開始，他們從公司所得的抽成將由二%減至一%。但是，每招收一個新的銷售人員就能得到一個很好的禮物。然後，他掀起一塊白布，桌上擺著很多家用產品，有時鐘、檯燈和答錄機等。

他說，這些禮品任他們選擇，吸收訓練的人越多，他們就能得到越多的禮物。這時，有一個女銷售經理站起來，極為憤慨地說：「你怎能這樣對待我們？你可知道，即使是你原先給我們的二%抽成也還是不夠的。現在你要把我們的抽成減半，還拿那些不值錢的東西來代替，你把我們當白癡嗎？」她隨後氣沖沖地離開會議室。其餘的銷售人員也都跟著她全部跑光。老闆一下子喪失了一個州的銷售人員，而且都是全國最優秀的。星期五的會議就這樣結束了。

老闆原訂在星期六星期日連著開會。但是受到這個打擊後，只得在星期六早上飛回總公司，重新擬訂銷售傭金的抽成辦法，恢復到原本的二%。

在星期一，他們參加在另一個州的會議，一切都很順利。但是之前那五十名銷售人員一個都沒有回來，公司白白損失了這些優秀人員。

要收回員工已經得到的利益，必定要遭到員工的強烈反對，不論你的理由是什麼。人們對於已到手的東西絕不肯輕易放棄，而且人們對於任何一種改變都有一種排斥的情緒。即使這種改變是有益的，在員工沒有充分理解、體會到改變所帶來的好處前，他們也會持反對的態度，人的自然反應就有一種是對新的、不同的東西有所抗拒。

如果領導者要剝奪員工的既得利益，而以對方不願要或者不需要的東西取代時，不僅會遭到員工的反對，還會使領導者的威信喪失，也會造成其他惡果，甚至是使公司的業績受到很大的影響。

☑該賞就賞，能輕罰就不要重罰

懲罰的目的在於指導下屬用正確的方法，有利於公司目標的達成，而不是挾怨報復。當然有時懲罰是必要的。企業不是監獄。企業的目的是在達成正常運作的目的。所以，應從有利於成果的觀點來考慮罰責。

對於犯了錯，而及時將事實報告、迅速作修正處理的人，原則上無須責罰。任何人，如果有功而不賞，那可能就不願去動。即使不太在意人家讚賞，事業心強的人，對於自己建立業績，如果上司什麼也不表示，他也會心存不滿。對於公司用心者都是恩人，對這些人該賞而不賞，即使他們沒有勇氣離開公司，也會喪失積極進取心。

日本早川電機的董事長早川德次曾說：「如果斟酌情形，也許會有人不滿的說我們的公司管理太鬆了，做錯事而不處罰。可是對於這種不滿與隨便地嚴重處罰而使人心萎縮的情形，如果要選擇其中之一的話，我還是採用斟酌情形的方法。」執行懲罰者和從業人員都應注意這一點。

如果因為犯錯誤而遭受嚴重處罰，那麼害怕失敗、什麼都不敢做的人就會增多。如果出發點是善意的，即使引起了錯誤的行動，而且謀求積極完成任務時，以不處罰為好。罰有懲戒、降級、解雇、減薪、和警告等。除了行為不正，盜竊及詐騙等所謂刑事行為外，盡可能視情節輕重來處理。

二、用金錢提高員工滿意度、激勵員工

在如何用金錢提高員工滿意度、激勵員工方面，已經發展出一套實踐、研究與理論。這些理論似乎驗證了管理者們認為，金錢可以用來激勵員工，但同時這些理論也暗藏著警告，這些問題容易被忽視，或者帶來實踐上的困難。

☑工資能影響人們的就業行為和工作態度

績效事實上，在有關工資比較及其他潛在的報酬之間的相對重要性的每一項研究

都顯示，工資是非常重要的。在各種報酬方式中，它始終處於前五位。在有關的四、五個研究中，超過三分之一的研究顯示，工資作為一種重要的報酬形式排名第一。

有一個民意調查組織在研究過以往二十年的資料後發現，在所有的工作分類中，員工們都將工資與收益視為最重要或次重要的指標。因此，工資能極大地影響人們的就業行為（在何處工作及是否留下）和工作績效。

然而，工資與其他報酬的重要性是受許多因素影響的。例如，在職業生涯的早期、中期和晚期，人們對金錢的重要性會有不同的評價，因為在每個階段，對金錢的需求相對於其他報酬（地位、成長、穩定等）的需求是不斷變化的。

另一個重要因素是民族文化。美國的管理者和員工比歐洲的更加強調個人績效的報酬。而另一方面，歐洲和日本公司則傾向於採取緩慢提升，及一定程度的聘用保障。即使在同一個文化內，變遷中的社會力量也可能改變人們對金錢及其他報酬的需求。

高通貨膨脹常常促使人們更加強調金錢的重要性，而負成長及失業使人更加關注內在報酬或就業的穩定性。

☑和報酬相關的員工滿意度與許多因素

有關在報酬與員工滿意度之間的關係上，我們可以得出一般性的結論。由於員工的不滿可能導致離職、怠工或者不願盡力，各個組織都重視提高員工滿意度以保持或提高組織的有效性。然而，和報酬相關的員工滿意度可不是個簡單的問題。相反，它與許多因素有關，這些因素都是組織應當努力把握的。

(1)從部分意義上來說，個人對報酬的滿意度是期望值與實際收入的函數。當員工將他們的工作技巧、教育、努力和業績和他們所獲得的報酬相比較時，滿意或不滿意的感受便由此產生了。

(2)與其他從事類似工作或在類似組織工作的人相比較的結果，也會影響員工滿意度。實際上，員工們經常將他們的投入比率與其他人相比較。在這種比較中，人們評價其各種投入的方式也是大相徑庭的。員工們傾向於賦予他們的專長、特定技能或近期的業績較高的工作。此外，員工們在比較自己的業績與上級的標準時，常常過高評價前者。

舉例來說，人們發現許多員工對自身業績的評價為八十%~九十%，而實際上，沒有一個公司能以相同的金額向所有人支付報酬。因此，毫不奇怪，會有許多人覺得與其他同事相比，自己的付出沒有得到應有的報酬。這種不真實的自我評價之所以存在，部分原因是在如何評價員工的績效這個問題上，絕大多數公司的管理者未能與下屬建立坦誠的溝通，除非管理者擁有獨特的溝通技巧，否則，這種溝通很有可能傷害下屬的自尊，造成兩難地步——因為無法在績效上達成坦誠的共識，員工們很難真實地評估其績效，這樣，他們不滿於所獲報酬的可能性也增加了。

(3)對其他人所獲報酬的錯覺是導致不滿的主要原因。有證據顯示，人們傾向於高估同事所獲的報酬，同時低估他們的績效（這是一種防禦心理）。產生這種錯覺的另一個原因是，公司一般不提供有關員工工資與績效的訊息。不難理解，經理們不願公佈所有員工工資與績效考核的訊息。因為這種訊息可能暴露出報酬制度中的不公之處，容易導致員工之間的惡性競爭。因為這種訊息不足導致的不平等的感受，是不足為奇的。

(4)整體滿意度不是單由某種報酬決定的，相反，它是各種報酬綜合影響的結果。證據顯示，報酬和獎金是同等重要的，並且不能相互直接替換。從事單調、重複性工作的員工，容易因缺乏精神鼓勵而不滿，類似的，從事業務方面、富挑戰性工作的員工，也會因缺乏物質報酬而不滿。

☑高薪並不能保證能留住最好的員工

支付最高工資的企業最能吸引並且留住人才，尤其是那些出類拔萃的員工。較高的報酬會帶來更高的滿意度，與之俱來的還有較低的離職率（離職率也受勞動市場和經濟的影響）。因此，類似於ＩＢＭ這樣的國際性公司的薪資在市場上已算很高。

然而，高薪並不能保證能留住最好的員工。要做到這一點，公司還要對不同的績效支付有差別的工資，並且這種差別必須明顯（對員工而言識別這種差別是一種主觀判斷）。如果這種差別不夠明顯，表現優秀的員工在將自己的投入比率和較差的員工相比時，就很容易有待遇不公的感覺。

一個結構合理、管理良好的績效付酬制度，應能留住優秀的員工，淘汰表現較差的員工，即使這要求公司付出可觀的成本。有一項針對企業在該方面表現的測驗，它調查的是單一員工的滿意度與績效評估之間的相關性，如果是成反比，問題或許是出現在工資計劃的設計上，或者是發生於計劃的管理實施上。

☑重大的報酬應與優異績效相結合

從公司的角度來看，報酬對特定類型的行為有激勵作用。但是，究竟在何種條件下，報酬會真正激勵員工呢？大部分的看法是，重大的報酬應與優異績效相結合。換句話說，個人應當以能帶來報酬的方式行事。激勵作用取決於員工在何種情形下及如何得到這種激勵，同時，人們有無相應需要也會影響他們對激勵條件的反應方式。

舉例來說，在同一個機遇面前，渴望成功者所受到的激勵會比成功慾望較低者更大。在提供獎金或提拔機會的條件下，一個更加渴望金錢與地位的人相應地會有較大的動力。研究表示，激勵員工必須具備以下條件：

(1)讓員工確信優異績效（或某種特定行為）一定會帶來某種報酬。例如，獲得某種成就必將得到報酬，或者某種表現會導致同事或上級的讚許。

(2)讓員工感到額外的報酬是具有吸引力的。由於需要與感受不同，並不是所有的報酬對所有的人都具有相同的吸引力。某些追逐權力的員工可能渴望獲得提升，而其他人可能希望得到福利（如養老金），因為他們年齡較大，更加關注退休後的保障。

(3)讓員工確信個人努力將會符合公司的績效標準。除非員工相信他們的努力在合理的範圍內會產生效果——如工廠的利潤或新產品的開發——否則，他們沒有任何理由去努力。推動人努力工作的動機是由各種報酬的預期觸發的，金錢、認同、提升及其他類似的東西。如果努力會帶來成就，成就又會帶來所期望的報酬，員工就會由此得到滿足並被激勵再次努力。只要這種在公司中成功的經驗能使人相信這個過程是會重複的，他的努力能引起特定的成果，並且公司將給予報酬，那麼這種激勵作用將持續相當長的一段時間。

另外，還有一些基本問題需要解決，績效付酬制度在哪些情況下應鼓勵努力，而在哪些情況下則是鼓勵能力。如果一個公司聘用了具有高度進取心與獻身精神的員工，並且向員工提供了施展才華的工作環境，那麼，績效付酬制度此時是在向能力支付報酬。

此時績效差異取決於個人天賦及經由訓練和經驗得到的技巧和能力。在這種情況下，它只向不同能力提供差別報酬。這不一定是壞事。但它確實改變了人們對報酬功能的理解。因此，必須正確判斷績效差異是由動機還是由能力所導致。如果是前者，並且前文指明的各種條件也具備，那麼就需要建立績效付酬制度。如果是由能力所引起，那麼績效付酬制度應保證能公平付酬；同時，為了提高績效，公司必須改進人員選拔和訓練。

三、用小額的金錢獎勵下屬

當一句「謝謝你」不足以表達你的謝意時怎麼辦？有這麼一個故事：

有位總裁剛剛度過了愉快的一天，因為有一名職員表現非常出色。總裁想馬上獎勵他，但手邊沒什麼有價值的東西。於是總裁從桌子上的水果盤中拿了一根香蕉，並遞給職員以表示他的謝意。從此，這個公司發明出黃金製的香蕉別針成了公司裡重要的獎勵品。

受這個故事的啟發，另一位總裁開始隨身攜帶一疊五美元的鈔票，遇到有傑出表現的人，就馬上給予獎勵。這位總裁也想到過用一百美元的鈔票，但發現那樣可能會引起一些問題。因為幾百美元的獎勵會引發嫉妒和憤恨。會有人跑來說：「為什麼他得到一百塊，我做得比他好多了。」不過沒有人會對五塊錢計較，那實在是不值得。但即使是五塊錢，它的意義也很重要，因為這是錢，更是一種獎勵。即使是很小的數額，也會令人鼓舞。

五美元既是褒獎，又讓接受它的人能夠享受一頓午餐，還不至於招來嫉恨。誰也不會再抱怨什麼，而且誰也不會去拒絕五美元。大家都喜歡被表揚，以及一頓免費午餐。

主管要及時發現做得正確的人，還要立刻給予獎賞。就像這五美元所包含的意義，獎賞不一定要很大，小的成功也要慶賀。我們總是看重主要的成就，可別忘了也要為小事情喝彩。比如嘉獎那些為了完成一張備忘錄或多接一個電話而加班的人。

四、獎勵制度一定要簡單明瞭

二十世紀初，人們經常為了食物請假去打獵或去釣魚。那時的阿姆斯壯機器工廠聘用了大概十二名員工，因此即使一、兩名員工請假也會影響生產進度。

人們不斷地勸說公司老闆，要多雇幾個人。但老闆並不這麼想。他反問道：「與其多請人，為什麼不發給員工們全勤獎金呢？」

「我們怎麼負擔得起呢？」銷售經理問道。

「總比雇新人便宜吧？」老闆說。

他是對的。全勤獎金解決了公司的缺勤問題。隨著時間的推移，去打獵的人越來越少。全勤獎金逐漸演變成為現在的生產獎。

獎金的多少是由兩個很簡單的標準來衡量的。

(1)交貨越多，獎金也越多。

(2)完成訂單所需的人數越少，獎金越多。

我們計算生產一件產品需要的時間時，把每個人都計算在內，比如祕書、經理、人事主管等等。而且，所有的人包括部門主管在內，領到了相同的獎金。這麼做有助於增強團結合作精神。

這個獎金每月核算一次，然後在公司裡公佈結果。員工們會在下個月發工資的同時領到一張單獨的獎金支票。每個人都說得出上個月的獎金數，但更重要的是每個人都知道如何去獲得更多的獎金。

阿姆斯壯公司老闆指出：

⑴生產獎金很奏效。員工們按件計酬。他們工作得越努力，完成的訂單數越多，得到的獎勵也就越多。

⑵獎勵制度一定要簡單明瞭。交付的產品越多，或完成同樣的工作量所需人手越少，獎金數量就越多。這種方式既簡單明瞭，更使員工們目標一致。

⑶獎勵制度一定要符合公司的經營理念。如果你重視產品品質，獎勵制度就該對此有所偏重。

⑷經常性地實施獎勵。一個月發一次獎金遠比一年一次更有效。這樣可以不斷地提醒員工公司的方針是什麼，更可以很快地讓他們體會到勤奮工作與高額報酬之間的關係。

⑸對每個人實施獎勵。公司裡的所有員工，從最低階層的員工到最高層的管理者，都拿同樣的獎金。有福同享，有難同當，才能充分發揚團隊精神。

五、設計與管理適合的報酬制度

設計與管理報酬制度是一項最困難的人力資源管理任務。在人力資源管理的主要政策領域中，該領域的理論與實踐的矛盾是最顯著的。如果建立了報酬制度，企業組織就會進入期望——創新的循環，而如果這些制度失靈，那麼接踵而至的便是員工的心灰意冷。

企業組織必須獎勵員工，因為這會使他們以更高的忠誠度和更好的績效為企業工作。對員工個人而言，他們希望他們的行為可以獲得一些額外報酬，這些報酬的形式有晉升、薪水、福利、津貼、獎金和股票等。同時，他們也希望得到精神層面的報酬，例如對工作的勝任感、成就感、責任感、受重視、有影響力、個人成長和富有價值的貢獻等。

員工會透過評估上述兩類報酬，來判斷他們的努力是否得到了組織的充分回報。員工和雇主都傾向於注重外在報酬，因為這類報酬比較容易定性、衡量和在不同個人、職別和組織之間進行比較。反之，內在報酬是難以進行清晰的定義、討論、比較或談判的。例如，工會和管理層的談判就很少涉及這些內在報酬，而恰恰是這些無形報酬上的問題，經常導致管理層與勞工間的衝突。

負責重複性工作的員工可能有這樣的感覺：他們對自己的工作或工作條件是毫無影響力的。工資需求會掩蓋這種事實，因此，對內在報酬不足這一問題，企業常用加薪來補償。

相對的，管理者或專業人員對報酬的不滿，可能只是另一個問題的反映，只是他們對責任、職業和權力方面有更深的不滿。加薪可能會暫時緩解這種衝突，但這並不能從根本上解決這個問題。

對薪資和其他因素的抱怨，可能掩蓋員工和所屬公司間關係上的問題，如監督管理的狀況、職業發展的機會、員工對工作的影響力和參與等。當出現報酬上的衝突時，總經理們總會得到很多的建議以對局勢進行詳細「診斷」，相反，他們很少相信這些問題可以由人事專家從薪資政策上加以解決。

這種診斷對其他三種人力資源管理政策領域的問題可能是很有效的。而在我們討論的這種情況下，增加薪資（其結果是增加公司的開支）並不能解決這種因報酬不足而導致的衝突。

我們並不是說金錢不重要，我們要說的是，員工有時會以要求提高額外的報酬方式來彌補他們對薪資不足的不滿。企業組織可以透過工作制度、員工能力、人力資本政策的革新來執行薪資制度，這種做法對薪資的談判有積極的作用。

透過政策革新提供報酬並不能降低薪資成本。實際上，它可能要求更高的薪資。然而，這可能刺激員工提高其貢獻精神和工作能力，同時對業績、間接成本、創新以及員工團隊的靈活性都有積極的作用。即使與更高的薪資所需的開支相比較，這些做法都是值得的——它們能使公司獲益匪淺。

當個人被賦予管理與控制其工作的自由時，內在激勵就出現了。而如果公司將收入與其他績效緊密結合，這種激勵的作用就有可能被削弱。管理者在根據員工績效判斷是否應付給報酬的同時，也在發出這樣的訊息，是他們而不是員工在掌管一切，員工的勝任感與自主性也因此而降低。

在其他情況下，激勵也可能被削弱，如個人的行為依賴於來自其他人的獎勵或者懲罰；個人的自發行為得到的是現在收入上的負面評價。因此，管理者必須決定是用精神層面還是獎金來作為激勵員工的主要方式。

第四節 不可忽視精神激勵的作用

一、讓員工意識到工作的意義，激發他們自我實現的心理

美國皇冠瓶蓋公司——這家國際性大公司在多年經營困難的打擊下一直不景氣，後來被約翰·柯納收購。柯納自任總經理後以其簡單化的經營理念使這家「日漸凋零」的大公司重現生機。柯納的另一絕招是，不必多花錢就讓員工活力十足。

實際上，在不少企業都存在一些意志消沉、懶散無比的員工，那些虧損企業更是如此。像皇冠瓶蓋公司這麼多年一直虧損的企業中消極散漫現象就可想而知。在柯納上班的第一天就看到，在公司的守衛室內，一群守衛人員正在玩撲克。在公司的其他部門，甚至生產部門中，消極散漫、不盡職責的現象也普遍存在。

柯納決心要將公司每一個角落的散漫風氣一掃而光，激起員工的工作熱情，推行其簡單化的經營理念服務。

柯納認為，這些員工未必是真正懶惰，而是找不到繼續工作的理由，他們看不到自己的工作有何意義，並且感到自己的能力被埋沒，不能發揮出來。更重要的是看不到自己的工作會產生什麼好的效果。如果一項工作不能產生更好的效果，是沒有任何辦法能讓他鼓足衝勁的，更不用說有責任感。因為不賺錢的工作誰會喜歡呢？不僅如此，柯納還認為，「想做」的精神狀態是可以培養出來的。如果有恰當的方法，是能讓員工「想做」的。

為了鼓起員工的工作熱情，讓他們具有責任感，首先要整頓工作環境和條件。因為有什麼樣的環境，就會薰陶出什麼樣的員工。而要整頓環境，就要改變員工的工作環境，為他們換一個「想做」的位置。

柯納感到，整頓工作環境和條件是不能遲緩。他斷然決定重新編制，實行新的人事制度，為員工調換工作崗位，讓他們意識到是在為自己的「利益」而工作，人人有專責。例如，柯納為塑膠容器部門的技術人員調換了工作崗位。這個部門的產品，毫無銷路，是滯銷貨，這些技術人員個個消沉到了極點。但是自從調換工作後，這些技術人員重新鼓起了衝勁，工作熱情隨之高漲，沒有任何人願意一直消沉下去。

這個部門的技術人員認為工作單位的調換意味著他們有了新的起點，新的環境，新的待開發的領域，他們也可以重新開創一番事業，贏得自尊，達到實現自我。他們也厭惡原本的自己，只是沒有擺脫的辦法，而現在，他們可以在新的環境中、在新的起點上、在新的領域內，努力往前衝，開創美好的未來，以一種蓬勃的朝氣取代消沉散漫的舊惡習。

在新的人事政策推行後不久，皇冠瓶蓋公司就呈現出了一種嶄新的面貌。玩撲克的人不見了，不良品銳減，到處都是一種生機勃勃的新景象。長年經營狀況不佳的制罐部門，也取得了很大的發展。

柯納不用多花錢就讓員工衝勁十足的祕訣，在於讓員工意識到工作的意義，進而激起員工自我實現的心理。

二、巧妙地誘導屬下進行自我激勵

幾年前，美國一家美容行銷公司亞太地區的主管發現，在北京地區的首席代表的工作態度改變了。這位首席代表曾是最傑出的經銷代表之一，但逐漸對工作失去熱忱、索性連銷售會議也不參加。

主管知道這是對公司不利的，他要重新點燃北京地區首席代表的工作熱情。於是他就打電話給他，問他是否可以在下一次亞太地區銷售會議上作總結發言？因為他曾在市場拓展和爭取訂單方面做得非常出色。主管建議他在會上談談對訂單問題的看法，這方面的問題是他目前最大的困難。

在一次亞太地區銷售會議上，這位代表主動研究了他在訂單方面的「困難問題」，重新探討了過去他曾運用過的幾個成功的原則和技巧。主管大為驚喜，其他經銷商也極為振奮。更重要的是，他自己也得到一種激勵，激發了對工作的興趣、熱情和信心，業績也隨之不斷上升。主管讓這位北京地區的首席代表成功地實現了自我激勵。

遇到員工業績不佳，切不可簡單粗暴地處理，而應控制著自己，多想一想激勵的辦法，切不可亂加批評、指責。心理學研究表示，人們的工作熱情不可避免地存在一定的週期性，當員工處於不稱職的時候，透過激勵讓他恢復到過去的種種輝煌中，是一種美妙的感受。人人都會有一段令自己最為驕傲的時刻，他的成績在那時得到了物質上的和精神上的認同。

為了發揮激勵的效果，主管必須確切瞭解員工的需要以及滿足需要的方式。所謂激勵就是尊重員工的各種需求，使員工心甘情願地努力工作，進而發揮更高的效率和能力。人的潛力往往會大大超過表面的狀況。激發員工的潛力和熱情就成為激勵的主要目標。正確有效地利用激勵手段，常會產生意想不到的結果。

三、把公司交到員工手裡，讓員工成為公司的主人

為了調整員工的積極性，許多企業設法讓員工成為公司的主人。然而，只有充分尊重員工的權利，員工才會將企業視為自己的，才會為企業積極地工作。戴那公司的麥克佛森總裁的經營祕訣就是「把公司交到員工手裡」。

麥克佛森讓公司的九十名「工廠經理」（廠長）直接控制自己廠裡的人事、財務、採購等等，這就使人事、行政、採購和財務等各部門的權力分散了。這似乎有點違背經濟原理，因為從理論上講，集體大量採購是壓低單價，節約費用的良方。但是，麥克佛森卻認為集體採購是行不通的。

九十個「工廠經理」為每一季的目標負責，若是集體採購，在九十天之後，會有人跑過來說：「本來計劃是可以完成的，但是那個該死的採購經理沒有準時把我要的鋼鐵買回來，所以我沒辦法達到目標，也許下一季……！」而在採購部門的權力分散後，如果有幾個「工廠經理」感到有必要的話，他們就會自己聯合起來壓低成本。戴

那公司沒有作業準則，也不用寫報告，一位執行副總裁說：「我們有的只是信任！」他們充分尊重每一位員工。

在二十世紀八〇年代初，時逢經濟蕭條，公司被迫辭退一萬名員工。為此公司每星期都要給每位員工送一份通訊錄，在這份通訊錄中大膽指出下一個可能裁員的是哪些部門，並指出被裁員部門的員工前途怎樣。這種做法富有成效。裁員後，購買股票的員工超過八十%，包括被辭退的員工。而裁員前，八十%的員工只是透過自由入股計劃成為公司股東的。

在七〇年代，戴那公司的投資報酬率在《財富》五百大企業中躍居第二。而這家公司曾被認為「有史以來《財富》五百大企業中最差勁的生產線」。一九七九年至一九八一年間，雖然受到經濟危機的打擊，但該公司卻迅速恢復了元氣。

四、找出員工的需要，並設法滿足他們

激勵員工積極性的方法是多樣的。因為人是很複雜的動物，人的需要是多樣化的，員工之所以會有積極性，是因為管理者滿足了他們的某種或某些迫切的需要。人的需要又是會轉化的，因此，激勵人的方法是多樣、富有變化的。而具體一點，就是找到

員工在特定情況下的特定需要，並設法滿足他的這種需要。

例如，在公司突然接到大筆訂單，而時間又倉促時，調整員工的積極性就顯得十分重要。否則，員工就會因沒有積極性而將大筆訂單視為自己額外的工作負擔而勉強應付。最後能否如期地、按要求完成交貨都是一個沒有確切答案的問題。在這種情況下，如何調整員工的積極性確實是個大問題。有一個人成功地解決了這一問題。此人叫安・麥克唐納，是南非一家小製造廠的總經理。這家小製造廠設在約翰尼斯堡，專門生產精密車床零件。

有一次，麥克唐納接到一大筆貨的訂單，這著實令他興奮，但是在規定的日期內，無法完成任務。因為，訂單的期限太短，而且已經安排好了生產線的工作。

該怎麼辦？如果麥克唐納有一套方案能使訂單如期完成，他可以以下命令的方式要求員工按他的方案去做。然而，他沒有，而且在這種情況下，沒有多少經理人能想出這樣的方案來。這時，如果麥克唐納對員工說，這裡有一大筆訂單，大家努力做，在某個時間前必須完成，隨後立即走開，那麼這筆訂單一定不能如期完成。因為員工只是意識到這是在他們正常工作之外的額外負擔，必定沒有積極性按老闆的要求如期完成。

麥克唐納知道應當怎樣更好地去做。首先，他知道公司的員工在公司工作都希望得到更高的收入。他就告訴員工，如果如期完成訂貨，公司將獲得多大的利潤，他們將由此得到多大的收入。知道以後的收入會增加，員工當然樂於加速完成這一大筆的訂單了。

工作至此還沒有結束，還要解決用什麼方法完成這筆訂單的問題。他需要靠員工來想辦法。他知道員工之所以願意提出方法，是因為他們自尊的需要得到了滿足。

怎樣滿足員工的自尊？徵詢不失為一種很好的辦法，它會使員工產生一種心理感覺：「看，老闆還有需要徵求我意見的問題，如果我能解決這個問題，不就證明瞭我比老闆的能力還要強嗎？」因此他們就會樂於提出自己的富有創意的辦法，下命令就不會有這種效果。

麥克唐納問：「我們還有什麼別的辦法處理這筆訂單嗎？」「誰能想出其他的生產辦法來完成這筆訂單？」「有沒有辦法調整我們的工作時間或人力分配，以便有助於解決這批貨？」這些問題果然起了預期的效果。員工們開始積極地提出自認為富有創意的辦法。最終，員工們找到瞭解決這筆訂單的方法，這家公司也如期完成了這筆訂單，也賺了一筆。經理和員工都心滿意足。相反的，如果不注意滿足員工的需要，不但會造成效率低落，還往往引起員工的不滿。

五、用強烈的刺激激發員工的活力

美國雷奇公司的高級職員每年都有三天假。在這三天假中，他們到加州蒙特利灣北邊一個祕密的場所，既休假，又研討企業的未來發展策略。

一九八一年，也和往年一樣，假期一到，高級職員都去了。按照慣例，在第一天下午的會議上，董事長保羅‧庫克首先登台講話。

他向大家宣讀企業的策略大綱，並且著重強調工作環境正在發生的變化以及來自各方面的對雷奇公司的競爭。這些內容雖然不會令人意志消沉，但是卻很枯燥，以致沒有高級職員有積極的反應。庫克感到時候到了，他在宣讀時，突然停下來，大聲吼叫道：「都是些狗屁不通的東西！」在場的員工都十分吃驚，不知是什麼使董事長如此發怒。

接著，庫克說：「重新評估公司，擺脫束縛，再創新高的時候到了！」隨後更加讓人意想不到的事情發生了。

大家也可能會奇怪，雷奇公司的董事長為何會在高級職員渡假的第一天大罵他們呢？到底出了什麼差錯了？

情況是這樣的。如同其他公司一樣，雷奇公司的高層領導發現公司出現了一些高級職員老化的不良現象。雷奇公司的高級職員，在過去的二十五年中，幾乎沒有進行過任何變動。無論是在哪一家企業，一個員工在一個職位上工作的時間太長了，自然會失去銳氣，喪失進取精神。他們變得隨隨便便，淡漠無比，對各種變化反應遲鈍。如果企業中這種的人過多，這家企業也就會老化、衰敗。這或許是企業發展到一定程度的自然現象，但這卻著實讓很多企業家傷透了腦筋。他們力圖恢復企業的活力，希望為企業注入新的能量，重新充電，打上一支強心劑。這正是庫克怒斥員工的主要原因，他希望透過這種強烈的刺激，讓他們處於沉睡狀態的心復活，而常規的循規蹈矩的做法很可能無法達到目的。他希望在這幾天的假期裡，讓員工變得充滿活力，使老化的企業恢復生機。

後來，有一架直升機降落在海灘上。全體與會員工莫不吃驚不已。全體人員都帶上剛送的耳機，登上飛機。黃昏時分，直升飛機起飛了。每位乘客都取出耳機，插入飛機的音響系統。雷奇公司的行動即將開始了。伴隨著悠揚動聽的音樂，還有太平洋日落的美景。保羅・庫克的聲音漸漸響起，庫克說以後三天的行程計劃要作改變，一切的束縛和限制都將取消，這預告著新的開始，大家要進行新的展望。保羅・庫克還簡明扼要地提出了富有巨大挑戰性的、易為人所記的創新計劃或長遠目標。

直升機在蒙特利灣的對岸降落。雷奇公司的瘋狂行動由此開始。在隨後舉行的會議中，庫克和總裁作了許多的報告。而過去的會議全是由經理向他們作報告。兩位巨頭主持會議，主導會議的進行，一切值得討論的問題都在會議上進行了充分的討論。

在三天的活動中，兩頭大象和四隻駱駝特別讓這些高級職員感到新奇。一次，所有的渡假人員正要去吃午餐，當他們走過停車場時，看到有兩頭大象站在停車場上。每頭大象的身上都有一面三角旗。在三角旗上醒目地寫著這次會議上產生的目標。而另外的四隻駱駝則與阿拉伯酋長之夜有關。

當晚，舉行駱駝賽跑，高潮迭起。雷奇公司的一流人才早已穿好華麗無比的阿拉伯服裝。這時，出現了四隻駱駝，牠們個個生氣勃勃，身上都有一塊毯子，會議的目標寫在毯子上。透過這兩種新奇動物的刺激，全體的渡假人員都對會議的目標留下了極其深刻的印象。正因為如此，雷奇公司才能在以後的十年中始終朝著這目標不斷前進。

雷奇公司的高層領導還有其他的強烈刺激。例如，在從午夜到凌晨四點的這段時間，印發小報，送至每位與會者手中。在二十四小時內發生的值得大家長期留念的大大小小的各種事件，在小報上都有報導。這讓與會者在以後很長的時間內都留有極其深刻的印象。

此外，在最後一天，還要給全體與會者強化記憶，他們放映了這三天活動的錄影帶。雷奇公司的這些刺激的確十分有效，在三年之後，大家還經常提起這次「駱駝大象會議」。這個瘋狂的假期效果非凡，公司的高級員工原本驕傲自滿、沒有前進的動力，而在瘋狂的假期結束後，個個精神抖擻，似乎重新獲得了向前衝刺的力量，雷奇公司也從此恢復了活力，走上了新的發展之路。

六、讓員工奉獻出他們的感情

每個身為公司一分子的員工，都會得到個人的成就感，也會由此體會到最基本的歸屬感。為了讓願意奉獻的員工實現自己的價值，一個公司必須把偉大的想法和大膽主動的做法落實到個人層次。

資深經理人必須在公司和每個員工之間建立起一種銜接的環節。環節隱含一種相互承諾的意義，在這種關係之中，雇主不把員工看成一種必須控制的成本，而是把他們看作有待開發的資產。

員工不只奉獻時間，更奉獻出他們的感情，讓他們的公司發揮更大的效率和競爭力。簡單地說，高層經理人的目標就是改變兩者之間的關係，讓員工不再覺得自己是為某家公司工作，而是肯定自己屬於這個公司。善於達成這種新關係的企業高層經理人，都把精力集中在下列三項活動之中：

☑肯定個人成就

公司愈是龐大，員工愈可能會覺得像是機器裡的螺絲釘，而不是一個團隊的成員。惟有對員工出自真誠的尊敬，發自內心的關懷，資深經理人才能奠定相互信任的基礎。然後，他們可以對企業成長和全體組織成員的發展表現出同樣的關心，並在這個基礎上繼續發展。

☑致力開發員工潛力

高層經理人必須用更寬廣的視野來看待員工的訓練發展，並且比過去付出更多的努力。公司不只是訓練員工的工作技能，更應該開發個人的潛力。

☑培養個人主動積極的精神

在少數幾家公司中，個人的付出和貢獻仍然構成組織流程的基石。3M公司就是其中之一。3M公司自創業起就一直很重視公司內部無窮的創業潛能，管理階層發展出一種企業文化，肯定個人的主動積極精神是公司成長的動力。而且3M公司也透過政策和工作程式認定這樣的想法，並將它制度化。例如，允許員工把十五%的工作時間用在「走私計劃」上，而對公司來說，這些「走私計劃」必須具有發展潛力。當這些私下創新發展成為大事業之後，公司便會流傳很多創業英雄的故事，而這些創業英雄的影響力更是直接而具體。透過3M的組織架構，公司讓激勵人心的信念生生不息，員工也都相信，個人的努力是重要的，對公司的整體表現也有實際的影響。

高層經理人建立企業目標時，他們所面臨的三大任務是相互依存的。如果企業經理人只是強調公司狹隘的私利，那麼最終還是會失去員工的士氣、支持和承諾，而只有當企業目標和更為寬廣的人類抱負相連時，這些情感才可能浮現。當組織價值變成一味的自私心態時，公司很快就會失去認同感和自豪感。而這些感覺的存在，不僅吸引員工，更會吸引顧客和其他人。當管理階層對員工想法的尊重和注意力漸漸淡薄之後，員工的動力和承諾也會隨之減弱。

七、用讚賞激發下屬的潛力

讚賞的力量是不可小視的。它不僅能給人溫暖和喜悅，帶來需要的滿足，它還能激發人們內在的潛力，徹底改變他們的人生。

☑稱讚是溫暖人類靈魂的陽光

心理學家曾多次做過這樣的實驗，把學生們分成三組，對於第一組的學生凡事都採取稱讚和鼓勵的態度，對於第二組的學生則非常冷漠，不聞不問，放任自流，對於第三組的學生總是批評。一段時間下來，第一組的學生進步最快，第三組的學生有比較小的進步，而第二組的學生幾乎沒有進步。由此可見，人人都渴望受到重視，得到讚賞。

然而，人們卻又往往如此吝惜自己的語言，就像著名心理學家潔西‧雷爾評論的那樣：「稱讚對溫暖人類的靈魂而言，就像陽光一樣，沒有它，我們就無法成長開花。但是我們大多數的人，只是善於躲避別人的冷言冷語，而我們自己卻吝於把讚許的溫暖陽光給予別人。」

有一個乞丐，他每天都坐在銀行大門旁乞討。銀行家每天經過這裡時，總會往乞丐面前投一些小錢，同時要一支乞丐腳下的鉛筆，並說：「你是一個商人呀！」突然有一天，乞丐不見了。銀行家也逐漸淡忘了他。

有一天，當銀行家在一家餐館用餐時，隔壁桌走來一位西裝筆挺的先生，激動地向銀行家說：「您還記得我嗎？」銀行家定神一看，是那個乞丐。「我現在已經是一個推銷商了。我從推銷鉛筆開始，現在我推銷各式各樣的辦公用品。謝謝你，是你幫我找到我的自尊，讓我意識到自己應該是一個商人。」

這位銀行家是多麼善於發現他人的優點。更為重要的是，他按照他所看到的優點，坦誠地像對待一個真正的商人那樣接受乞丐，對待乞丐，讓乞丐看到了自身的價值，感覺到自己的重要，進而徹底地改變了自己。如果沒有銀行家的重視與承認，乞丐很可能現在還坐在銀行門口靠乞討為生。

事實上，和人交往取得成功的第一步，就在於你看待別人的方法以及你由此表現出來的態度。那些冷淡的批評和眼光、言語、只會挫傷別人。無論是孩子還是成人，名人還是乞丐，他們內心裡都是如此渴望得到別人的承認，被人接受。為什麼我們就不能拋開自己的惰性，自覺尋找他人行為中的優點，坦誠地向他人表示接受，把溫暖的陽光給予別人呢？

☑讓讚賞成為激勵下屬的力量

人們都渴望被人重視，被人讚賞，被人需要。讚賞是社交活動中的「潤滑劑」。如何在社交中適當地讚賞他人，已成為一個人社交成功的關鍵。那麼，在社交中究竟應當怎樣讚賞他人呢？

首先，應當養成讚賞他人的習慣。生活中很多人都沒有讚賞他人的習慣，他們很少評論發生在自己周圍的，令自己感到喜歡的行為。不少人更喜歡用挑剔、批評的眼光去看待別人。其實，只要我們把讚賞看成一件小事，對別人每一個細小的進步都表示讚賞，例如孩子認真完成了作業，考試得了好成績，幫助父母做家務，妻子做了可口的飯菜，穿了一套新衣服，換了一個新髮型等等日常生活中的小事，那麼，你就能養成讚賞他人的習慣，別人也會非常高興地接受你。

其次，讚賞的語言要具體而真誠，讚賞的話語應當發自內心。當你真心誠意與人交往時，你應當真誠地去尋找他人的優點，不帶絲毫勉強地表達你的讚賞。勉強的或憑空捏造的讚賞有可能會打動別人一時，但不能長久地地打動別人，有時甚至會導致關係的惡化。同時，你最好不要對別人說一些諸如「你太好了」，「你真是個好人」之類的話，最好用具體明確的語言來表達。讚賞的語言越具體越明確，它的有效性就越高。你可以比較下面兩種讚賞，哪一種更有效。

甲：「很感謝你仔細閱讀了我的論文並提出了修改意見。我已經把原本沒有考慮到的問題補充進去了。現在，我對修改後的文章十分滿意。」

乙：「萬分感謝你在百忙之中抽出時間來一覽拙作。能得到你的指點，我感到三生有幸。你真是太好了。」

無疑，甲的讚賞比乙更有效。乙的讚賞儘管言辭華麗，評價甚高，但語言空洞、含糊，給人一種華而不實的感覺。相比之下，甲的讚賞語言真實，具體、明確，馬上就能給人一種真誠的感覺。

分析甲的讚賞語言，主要有三個部分，表明你所喜歡的對方的某一優點或行為，這一優點或行為給了你什麼樣的感受或幫忙，你對對方這一優點或行為對自己的影響作用有何感受。

再來，要掌握幾種常用的讚賞方法。針對不同的事情，不同的人物，不同的需要使用不同的讚賞方法。

(1)肯定讚賞法——人人都渴望得到別人的讚賞。無論在事業上還是生活上他們都希望經由別人的讚賞來肯定自己。肯定讚賞法在日常生活中，特別是在一些特定的時刻，如成功地完成某件事，作品的發表，特殊的紀念日等更極具感染力，讓被讚美者終生難忘。

(2)目標讚賞法——渴望得到他人的讚賞是人性深處一個基本的特性。當你真心讚賞一個人的時候，你實際上使他更具有價值，更有成功感，因為讚賞，人們會加倍努力；因為讚賞，一些人確立了目標；因為讚賞，會改變了人生的方向。目標讚賞法正是在於說明人們樹立一個目標，並鼓舞他們向著那一目標不懈地努力。

前面提到的銀行家與乞丐的故事中，銀行家就運用了目標讚賞法，為乞丐樹立目標做一個商人，使乞丐在他不斷地讚賞中奮發起來，終於成為一個商人。

(3)反向讚賞法——反向讚賞法與上面兩種方法最大的差異在於被讚賞者的行為本來是應當受到批評和指責的。但是，批評和挑剔是人們最難以接受的方式，而且，無論怎樣的批評，對於激發人們的幹勁都是非常有害的。反向讚賞法的要訣就在於找出對方行為中值得讚賞的地方，給予肯定，對其錯誤則表示理解，不予評價。

總之，人與人、人與群體，群體與群體之間都是渴望相互交往。在社會交際中，他們不僅希望愛和歸屬的需要能得到滿足，他們還希望別人能夠尊重自己的人格，希望自己的能力和才華得到他人公正的承認和讚賞。而且，他們尊重的需要一旦得到滿足，就會成為持久的激勵力量。

讓員工享受參與管理的樂趣

一、讓員工參與管理決策，調整其積極性

韓國有一家衛生材料廠推行了「一日廠長」制。這家公司自一九八三年三月開始，實行「一日廠長」制度，在每週的星期三，挑選一名員工做一天該廠的廠長，每週輪換一次。在短短的一年時間內，做過「一日廠長」的已有四十人，占全廠職員的十％。星期三上午九點，「一日廠長」上任，第一項工作是聽取各部門主管的簡單彙報，以瞭解工廠的全盤運營情況，隨後與正式廠長一道巡視各部門的工作情況。最後一項工作是在辦公室裡，處理來自各部門主管或員工的公文和報告。

「一日廠長」有公文批閱權。在星期三，呈報廠長的所有公文都要先經「一日廠長」簽名批閱，廠長如果要更改「一日廠長」的意見，必須徵求「一日廠長」的意見，才能最後裁決，不能擅自更改。

「一日廠長」還有權對工廠的管理提出批評意見。批評意見要詳細地記入工作日記，以便在各部門之間傳閱，各部門的主管必須聽取批評意見，並隨時改進自己的工作，還要寫出改進工作成果的報告在幹部會議上宣讀，在得到全體幹部認可後方能結束。

有些人可能會問，這家韓國工廠為何要推出一日廠長制呢？這是因為企業內部存在勞資矛盾。由於管理者和員工的角色不同，地位懸殊，思考問題的方式不同，對一些問題的看法很可能大相徑庭。在這種情況下，企業的決策很可能不為員工所理解，最終難以執行。

有一段時間內，韓國這家工廠的勞資糾紛一度十分嚴重。廠方宣佈或實施一項措施，都會引起員工抵制，他們發牢騷、鬧情緒，產品品質越來越差，材料的浪費日益嚴重，企業的成本大增，最終企業的競爭力大為下降，陷入破產的邊緣。就在這種窮困潦倒的困境中，該廠的老闆聽取了專家的建議，推行一日廠長制。

「一日廠長」制度的實施，成功地改善了勞資關係。一位年僅二十二歲的女工，當了「一日廠長」，自信地說：如果我第二次當上「一日廠長」，一定會比上次做得更出色。她已經認識到，「一日廠長」制使員工體驗到工廠的業務實踐，增進了與上級的感情和瞭解。員工也認識到「合作」和「節約成本」對一個企業的重要性，認真地執行與此有關的計劃，企業的凝聚力也大為增強，員工更能體諒廠長的辛苦和各種決策的用意。

工廠因此每年節約了兩百萬美元，這筆鉅款用於對全廠員工的獎勵後，員工的衝勁更足了，更加積極地為這家工廠努力工作。

二、集體決策，全員參與管理

所謂全員參與管理就是集體參與，讓每個人體成為整體的一部分。高級管理者如何操作這一管理方式呢？佛斯特輪胎公司最引以為榮的一項政策，便是所謂「全員參與性管理」方式。

這種全員參與性管理方式，最大的特色就是在於，每個決策都是一項共同決策。因此，各人雖然在職務上有所分別，在作決定的權利上卻彼此相等。但這種管理方式的先決條件，則必須要求公司的訊息交流系統非常暢通。最上層的經理必須將各項商業消息、爭議焦點及最後決定等，迅速、確實地傳達給中級經理，中級經理也必須對基層幹部傳達同樣的消息。

這事聽起來容易，做起來則不簡單。首先必須消除經理人員的本位主義和官僚態度，避免他們為了保持權威感而將消息「留一手」。因此，選擇經理人員時，必須特別小心，注意他是否心胸廣闊、開朗、態度謙和。否則，一個經理「留一手」，整個這種講求開放的「全員參與管理方式」就完全失效了！

而就最高層的經理人員而言，由於他們所需接觸的層面極廣，相關消息也很多，因此，彼此間的交流不能用公文、信件等方式進行，而必須依賴彼此間的言談溝通，每天勢必要有六至十次交談時間，以便相互瞭解對方的工作狀況和互通最新消息。因此，要採取這種管理方式，另一個條件就是公司的成員不能分散在太廣的地區，因為即使今日通訊器材十分進步，但最有效的溝通，仍是面對面的交談，因此，公司成員（至少高級經理）最好能在同一辦公大樓內。

這種管理方式，有優點也有缺點。缺點是，由於全體人員皆有權參與意見，因此效率較低。但是優點則是，無論公司中的哪一位經理缺席，都不會影響公司的運作。而且，當有突發事件需緊急處理時，每一個經理皆能迅速作決定。另一個優點看似是缺點，即公司內的各人職權不甚分明。這樣的情形下，所犯的錯誤皆由全體共同負責，而所取得的勝利，也由全體分享。這種方式看似賞罰不清，另一方面卻更促進了全體人員的凝聚力和團結性。

不過，施行這種制度時尚有另一要點，便是一旦下了決定必須要全體人員不再有任何爭議，同心協力，全力以赴，由於每個人都參與過程決定，因此反而比把不滿情緒放在心中更易完成這種合作。而且，上層經理所下達的，是政策性的命令，實行執行時間由中層經理共同決定，因此，每個經理都有參與決策權，但仍保有個人的部分自由決定權。這樣，才能真正達到自由、開放「全員參與管理方式」。

整體來說，集體決策要比個人決策有優勢，更不容易犯錯誤，但要讓集體決策不出絲毫差錯，至善至美，則需管理好集體決策，揚其長處，避其短處。

要得到一個真正好的決策，這個問題的重要性在集體決策上甚至可能比在個人決策上更勝一籌。當個人跨出的一步走錯方向時，可以立即轉向。一個團體若走錯方向要改變路線的話，要有一段更艱苦的時間才能解除成員間一致協議與期待。

因此開始任何重大的集體決策過程之前，其領導人應該問：

(1)我召集這個團體的目的何在？

(2)這個團體該參與決策過程的四個關鍵因素（架構、情報收集、下結論與過去實例）中的什麼項目嗎？

在這些方面中的每一項若以整個團體而論，其所扮演的角色為何？在集體思維的狀態下，集體很快就達成一致的意見。集體思維不一定都是對的。如果這個小組真的沒有時間多做討論，且領導者也十分肯定已有某一解決辦法在握的話，那集體思維就能整個個體團結起來支持某項決策。在簡單的討論中，成員們可提出簡單的追加意見以利大家執行上的運作。

譬如，當一個銷售小組集體會討論這個星期的策略運用時，其領導人就不必要求每位小組成員在會議桌上盡情發表意見。這個小組會快速的達成一致性的同意，結束會議，開始銷售活動。

似是而非在重要的決策上，團體必須避免附和性與偏極化的危險與團體的過度自信。在任何場合若團體的領導者希望集體做出貢獻，他該尋求不同的意見。這表示其領導者該：

(1)要保留他自己本身的意見。

(2)鼓勵提出新點子或批評性意見。

(3)確定團體能聽得到大多數人的意見。

日本公司就有一項有趣且值得人們迎頭趕上的傳統風尚。照規矩，他們讓基層的成員首先發言，然後到次基層，依次往上。用這種方式就無人會恐懼他的意見與高階層已表示的意見不同而有所保留。日本人的這種方式，可以有效地進行集體決策。

對管理者而言，團體決策怕的就是產生內訌，一旦產生內訌，決策必然失敗。避免內訌的辦法就是成員之間互相尊敬。人們會與團體中的其他成員有所爭議，但仍可維持相互間的尊敬，只要組織機構能教導它的員工做到——對事不對人。有幾個技巧將對團體成員間維持互相尊敬有所裨益：

(1)在團體初階段的會議中，其經理可向每一位小組成員，解釋「我為什麼要選你參加」。這是一次細述每一位成員過去所做貢獻的機會。

(2)經理要確定每一個成員都已對所有的關鍵性的問題發表過的意見。只要化解了團體成員之間的衝突，集體決策就有望成功！

但不幸的是，我們所有的人都必須與那些確實管理不善的決策小組打交道。在一個運作不良的小組中你要如何才能成功決策呢？基本的規則是：

◇瞭解總經理的意圖。

◇試著表達你認為這個小組必須做些什麼才能做出好的決策。

◇要圓滑與不具爭議性，目的是在承認那些在小組內的見解，不必要去「轉變」

你的老闆或你的小組同事。

如果經理急切地想扮個「老闆」樣子——你有可能該私下跟他談談有關決策的過程事宜。首先，要分析經理的架構，如此你才能用他的語調來談問題。做出一份議程表列出你想講的話，集中注意力在決策過程上，如果必要的話，可提供小組管理的文章或權威的資料。你可能無法把一個跋扈型的經理變成一個良好的聆聽者，但你可改變溝通的技巧，或可協助他從小組中多得到一些東西。

如果領導人與整個小組富有容忍接納性，可建議採取步驟防止過度的一致性同意的形成，挑選出來有等次級別的小組，或是輪番扮「黑臉」的角色。

大致來說，能協助集體做出更佳決策的藝術可彙總如下：

(1)明智且有良好激勵手段的人們在集體中要做出優越決策，只有他們在有技巧的管理了才辦得到。

(2)完善集體管理的核心在於鼓勵集體內部產生出適當類型的衝突，經由更進一步的討論與情報收集過程後，將衝突完整、公平地解決。

(3)領導者必須決定在決策的四個因素（架構、情報收集、下結論與過去實例）中的哪個層面，集體可做出他們的最大貢獻。

⑷在集體審議的早期，領導人應少表示個人意見，因為很多的集體成員當他們的點子與領導人相左的話，會心生恐懼，不敢說出自己（可能是不錯）的意見。

⑸一般而言，領導者在任何集體過程中初期階段，應鼓勵提出不一致的意見。然後在取得更多的事實與見解之後，領導者應導引集體找出共同點作最後的決定。

⑹如果一個決策過程出現各持己見的僵局時，你通常可以由價值觀問題區分出事實性問題來縮小雙方的差距。

集體能做出比單獨個人更好的決策，但是切忌規模太大，耗費太多，變成花大錢的集體會議卻做出差勁的決策。

三、解決員工的後顧之憂，讓員工在參與管理中受益

多尼玻璃公司是一家位於密西根州的公司，曾一度發生過財務困難，公司也一度陷入困境。它的一個最大的顧客表示，只有多尼公司降低價格，不然就是他到別的地方去另找新的汽車玻璃供應商。有一位生產線上的操作員工清楚瞭解，只要將他們由五人減至四人就可以節約公司的資金，但他不願說出，因為他就可能因為自己的建議而被解雇。

當公司向員工徵詢意見時，他說，如果公司擔保不解雇任何一個人，他就提出自己的建議。公司同意了，而且也對其他提出建議的員工做出同樣的擔保，公司採納了一些員工的建議，挽救了財政危機。結果公司不僅獲得了巨大的收益，而且每位員工都得到了好處。

為什麼員工樂意建議呢？原因在於，公司採取了措施使員工的努力得到管理部門的認可，得到同事和集體的認可。由於為公司做出了貢獻，所以自我實現感和被重視感得到滿足。艱難困境增進了團結，大家都歸屬於公司。當管理部門徵求意見時，每個人都有了發表意見的機會。而且一旦自己的建議被採納，就會有一種成就感、興奮感和新奇經歷，自尊心也得到滿足，員工會感到公司也需要依賴於自己，人人都可以提建議，人人都有了很大的自由感，員工的工作有了保障，安全感得到滿足。

公司採取的措施是，只要多尼的員工為節省成本提出建議，都可得到提升一級工資的獎勵。每個員工每月都可得到一張相當於其工資二十%的獎金支票。公司的這些措施既增加了收入，又同時滿足了員工的所有基本需求和願望。

由這個例子可以看出，激發員工為公司做貢獻的重要方法是滿足員工的基本需求和願望。經理人應站在隨時都設法幫助人們滿足其需求的位置上，這樣，你將會贏得人們對你的信任和尊敬，下屬會依附於你並竭誠為你效勞。最終，企業內部就會產生一種和諧的、充滿生氣的、有效率的團體組織。

提高人的重要性是激勵人做好工作的最佳途徑之一，這是一種永遠不會失去作用的方法。

四、讓員工覺得公司目標對個人有意義

傳統上，高層經理人員一直試圖透過策略分析的邏輯說服力，得到員工理智的承諾。但是，客觀冷靜制定的策略，員工和公司間的合約關係，無法激發員工額外的付出和持久不懈的承諾，而只有具備這一切公司才能創造出穩定優異的成績。僅從這一點來看，公司需要真心關心員工，而員工和公司也應該有深厚的感情。在我們研究的成功企業中，高層經理用下面三個方式讓員工把企業的目標當作自己的目標。

☑吸引員工的注意力和興趣

想要為企業下一個定義並讓員工覺得公司目標對個人富有意義並不容易。大多數這類的敘述都太模糊，對部門經理用處不大，它們也往往和現實脫節，甚至失去可信度。

美國電報電話公司（AT&T）總裁鮑伯・艾倫發現，該公司過去想法和做法都

像是受保護的公用事業，現在，AT&T必須改變，而且是在行業動盪不安時進行改變。公司的規劃部門為關鍵性的策略任務提出一個定義，也就是在現有的網路上承載更多的量，並且開發新產品，符合新興訊息事業的需求。但是艾倫決定不用這樣理性和分析性的名詞來談公司的目標。

他也不曾選擇以競爭態勢為重點的策略意圖，例如，對北方電訊侵犯AT&T家用市場進行反攻。艾倫選擇非常人性化的名詞，他說：「公司致力於讓人類歡聚一堂，讓他們很容易互相聯繫，讓他們很容易接觸到需要的訊息——隨時、隨地。」這個陳述表達了AT&T的目標。但他用的都是非常簡單而個人化的語言，使人人都能理解。重要的是，員工能對這樣的任務產生共鳴並深感驕傲。

☑讓員工把企業的目標當作自己的目標

讓全體組織參與讓員工把企業的目標當作自己的目標，不過是建立組織承諾的試金石，企業目標必須相當具有包容力，才能誘導組織全體人員參與，讓企業目標體現在日常工作之中。實際上，就是善於利用早已存在於公司內部的知識和專業技能。

英特爾公司總裁葛洛夫談到激發組織討論和辯論的重要性時說：「我們必須讓管理高層的策略焦點變得更柔和，才能在公司內部製造出更多的可能性。」對於很多高層經理人來說，讓策略焦點更柔和並非易事。他們擔心公司會把這樣的方式解釋成策略模糊不清，甚至解釋為管理高層猶豫不定，但是，當資深經理人瞭解到，他們不是因為策略方向而放棄職責，而是在改善策略制定的品質，並增加策略的成功率，這些顧慮就會消失了。

☑創造動力

讓組織上下都願意為公司目標奉獻力量，並讓這樣的努力持久不懈，應該是管理者追求的目標。每個人都必須相信，明確的企業目標是正當可行的，它不是公關慣用的華麗詞藻，也不是鼓舞士氣的誇大宣傳。如果資深經理人能對定義恰當的目標付出具體的承諾，就能證實這樣的訊息。

康寧公司總裁哈夫頓展現了他對自己信念的認真程度，他委派公司最有能力、最受尊敬的資深經理人領導康寧公司的品質管理。而且儘管經歷一次嚴重的財務緊縮，哈夫頓還是撥出五百萬美元，創立了一個新的品質管理學院，負責康寧公司大規模的教育和組織發展計劃。

他還答應將每個員工的訓練時間提高到占工作時間的五%。康寧公司的品質管理計劃很快就達到了哈夫頓的目標。正如一位高層經理所說，「它不只改善了品質，更為員工帶回了自尊和自信。」

多數公司都把重點放在財務成果之上。策略目標是要讓公司成為行業中數一數二的領導公司，並使公司達到營業額增加十五%的預定目標。如果經理人員對這些數量化的目標難以完成，管理高層通常會用更難以抗拒的方式來實現這些目標。例如，用某種危機來刺激員工——無論是真實的還是捏造的。

☑引發動力

在更多的時候，企業領導人只是不斷詳細解釋這些目標，得到大家認可，並且希望員工理解之後進一步接受。如果大家為了實現公司目標要付出額外的努力，他們必須能夠認同這些目標。認同、溝通、塑造組織價值比清楚說明策略遠景更為困難，因為前者不太依靠分析和邏輯，卻更加需要情感和直覺。

大膽表達自己主張的公司，通常會吸引認同公司價值的員工，而對於具體實現這些價值的公司，這些員工也會付出更深的承諾。化妝品零售商美體小舖創辦人安妮塔・羅迪克創造出一種組織價值，吸引了一群員工和一些追隨的顧客。羅迪克描述她自己的方式時說，「大多數公司都把時間放在利潤、利潤、利潤之上，我覺得這簡直無聊之極。我要創造一股電流和熱情，讓大家緊緊貼近公司。特別是年輕人，你必須找出一些方法來抓住他們的想像力。你要讓他們感覺到，他們在做一些很重要的事情。」

五、聽取部屬建議，促進員工成長

每個公司或商店，都應該建立起樂於服務，全心投入工作的風氣。那麼，應該注意哪些事項呢？也許各人有各人的想法，但重點之一，則在於上司或前輩，要樂於接受部屬或後輩的建議。當部屬提出某些建議時，應該欣然地表示：「沒想到你會想到這種事。你很認真，真不錯。」開明的作風接納意見，部屬才會提出建議。

當然，你要站在上司的立場從各方面考慮建議該不該採用。有時雖然他們熱心提供了許多建議，但實際上並不便立刻採用。但在這種時候也應該接受他的熱誠，誠懇告訴他：「以目前的情形，這恐怕不是適當的時機，請你再考慮一下。」

一個公司或商號，有著包容建議的風氣，是很重要的事。如果一再地拒絕部屬所提的建議，會使他們覺得「上司根本不重視建議，以後不再做這種出力不討好的事了。」結果，只是死板地做自己分內的工作，沒有進步，也沒有發展可言了。這是很值得檢討的現象。相反的，上司應鼓勵員工提出建議，確實做到積極地徵求意見的態度。「提出建議，不但對公司很有幫助，且能增加工作的樂趣。請你好好地想，有沒有什麼好的建議。」這樣不斷提醒部屬，才是真正重要的事。

有兩位經理，在能力方面不相上下，但是其中一位的部屬，看起來工作精神非常充沛，業績的成長也很迅速。另一位，看起來無精打采，業績也沒什麼進展。像這種情形，可以說處處可見。為什麼同樣有才幹又熱心工作的人，部屬的成長卻有那麼明顯的差距呢？原因是在是否會用人才。

會不會用人的標準在哪裡呢？探討起來，原因一大串，但最重要的一點，是在「能不能聽從部屬意見」。平常善於聽從部屬意見的主管，他的部屬一定成長得快；不善於聽從部屬意見的主管，他的部屬一定成長得慢。這種傾向是很明顯的。

因為上司能聽取部屬的意見，他的部屬就必能自動自發地去思考問題，而這也正是使人成長的要素。設想：身為部屬的人，如果經常能覺得自己的意見受上司重視，他的心情當然高興。於是不斷湧現新構想、新觀念，提出新建議。當然，他的知識也會愈來愈寬廣，思考愈來愈精闢而逐漸成熟，變成一個睿智的經營者。

反過來說，部屬的意見經常不被上司採納，他會自覺沒趣，終於對自己失去信心。加上不斷地遭受挫折打擊，當然也懶得動腦筋或下苦功去研究份內的工作了。整個人變得附和因循，而效率也就愈來愈差了。

一般說來，上司和部屬間，多數上司的工作經驗會比較豐富，專業知識也比部屬精深。所以部屬所提出的意見，在上司眼中，也許根本就不成熟，不值一顧。尤其在上司忙碌的時候，更不可能有耐心去聆聽。所以，關於上司是不是一定要聽取部屬的意見，或以什麼態度去聽取部屬的意見，這件事情恐怕還是見仁見智，很難有一致的答案的。也許部屬的意見聽起來是幼稚可笑，但上司必須有傾聽的態度。假使在態度上能注意到這點，部屬就會感覺被重視，而更主動找機會表現自己的才能。

儘管部屬的意見不可取，上司也不能當面潑冷水，而應該誠懇地說：「你的意見我很瞭解，但是有些地方顯然還需多加斟酌，所以目前還無法採用。但我還是很感謝您，今後如果有別的意見希望您多多提供。」如果上司的措辭這麼客氣的話，部屬的意見儘管不被採納，心裡也會覺得較為舒坦。同時也會仔細檢討自己議案中所忽略的事，然後再提出更完整的構想。像這樣激勵，就是部屬獲得成長的原動力。

但這種安撫的做法，還是不夠積極，還是要儘量採用部屬的意見。當然，並不是說只要部屬提出意見，不管對錯，都要奉行。而是說，對於有缺點的意見，上司能加以彌補。並且說：「既然有這種好構思我們不妨做做看。」過去我經常用這種態度來做事，雖然難免會失敗，但成功率還是很高的。

經營者若想培養人才，就必須製造一個能接受部屬意見的環境和氣氛，不只是消極地溝通安撫，更要積極地採用推行。這樣，才能集思廣益爭取成功。我們必須承認，一個人的智慧，絕對比不上群眾的智慧，所以上司積極聽取部屬的意見，才能得到共同的成長和較高的工作成效。

當上司有求於部下時，千萬不能以命令口吻，否則部下頂多只是做到服從、稱職而已。這雖然也是一種工作態度，但希望部下成長獨立自主的目標，卻很難達到。當然，由於職務的不同，很多工作在形式上不得不採取命令方式推動。同樣是「你去做這件事」這句話，因為語調的不同，給人的感受就有很大的差別，對於上司的謙虛，敏感的屬下不會渾然不覺。

不論如何，人總是喜歡在自主自由的環境中做事，惟有如此，創意和靈感才能層出不窮，工作效率才會提高，個人成長的速度也會加快。因此，上司站在培養人才的目標上，必須創造一個尊重部屬的環境，而且儘量採行他們的意見，以諮商的手段，來推動工作，自然能上下一致，相互信任。一方面能促使部屬成長，一方面，也能使事業突飛猛進。

MEMO

進行有效溝通，引導員工為企業目標服務

第一節　溝通是人力資源管理中最重要的部分

一、在經營最成功的公司裡，最重要的是溝通

溝通是人際之間或群體之間傳遞和溝通訊息的過程。在企業組織內，溝通是指正式的、非正式的領導與被領導者之間自上而下或自下而上的溝通訊息的過程。溝通在管理中，尤其是在人力資源管理中非常重要。組織內上下之間、群體與群體之間、人與人之間溝通管道暢通，才能很快傳遞和溝通訊息，展現民主、和諧氣氛，引導組織成員為組織目標服務。

日本和西方國家在企業的人力資源管理中，將「員工溝通」作為提高生產率的重要途徑。管理人員所處理的每件事情均涉及到溝通，並以溝通的訊息來作為決策的依據，但決策之後仍然需要再與人溝通，否則無人能夠瞭解決策的內容。哪怕是最好的觀念、最富有創造性的建議或最完善的計劃，如缺乏良好的溝通，就無法發揮其效用。因此，每位管理者都必須具備有效的溝通技巧。

當然，這並不是說，光有良好的溝通技巧就能使管理者管理好人力資源，但可以這樣說，使用無效的溝通技巧就不可能做好人力資源管理工作。

溝通就是傳遞訊息。如果不將訊息或思想傳遞出去，溝通就無效果。成功的溝通不僅意味著訊息的傳遞，而且包括傳遞的訊息被人瞭解。例如收到一封西班牙文的信，收信人對西班牙文一點也不懂，在將信譯成中文之前，仍不能看成為是一種溝通。因此，溝通是訊息的傳遞和瞭解，而完善的溝通是指訊息的接受者能夠完全瞭解傳遞訊息者所表達的原意。

在人力資源管理中，我們必須討論群組織溝通的問題。瞭解組織內部的溝通過程和彼此之間的溝通方式，對有效溝通、提高人的工作積極性為組織目標服務是相當重要的。但因為組織中的人員都有其扮演的角色，而且按照職位職責關係辦事，因此，組織溝通要比一般的人際溝通要複雜得多。

組織溝通的主要目的是為達到協調一致的行為。沒有很好的溝通，組織成員各行其是，組織行動就無法一致，使之協調到為組織目標服務上就很困難。在這種情況下，也許只有各種個人目標，沒有一致的組織目標。

溝通的另一個目的是傳遞訊息。最重要的訊息溝通是組織目標的溝通，因為它可以給組織成員一個目標感和方向感。訊息溝通又是為了對具體任務進行指導，使組織成員明確自己的工作職責，並且瞭解他們的工作對實現整個組織目標所做出的貢獻。組織也必須適時透過與其成員的溝通來瞭解他們努力的成果。

溝通對決策過程也非常重要。在決策過程中，需要各式各樣的訊息，並透過大量的訊息溝通來找出問題，制定政策，並控制和評價結果。溝通伴隨著整個決策過程。因此，整個組織的所有活動都需要訊息的溝通。溝通對制定政策、執行政策以及使政策與環境相適應都很有必要。

溝通是組織對公眾進行宣傳，增進公眾對組織的瞭解和擴大組織的影響。溝通是組織內公共關係人員必須具備的基本技能。在西方國家，越來越多的管理者發現，在經營得最成功的公司裡，最重要的並不是嚴格的規章制度或利潤指標，更不是電腦或者任何一種管理的工具、方法、手段，甚至也不是技術，而是透過上下之間、左右之間進行有效溝通建立的所謂企業文化或公司文化。這種文化就是在組織裡靠傳播溝通，領導與員工之間形成的某種共同的文化觀念、歷史傳統、價值準則、道德規範和生活信念。

企業管理者在人力資源管理中可用這種共同性的東西，透過溝通將組織內部的各種力量動員起來，統一起來，為著一個共同的目標而努力。

二、所有人力資源管理系統都需要有效的溝通

溝通是人力資源管理中的重要活動內容和組成部分，有效溝通可以有以下幾點作用：

◇使組織成員感到自己是組織的一員。

◇激勵成員的動機，使成員為公司目標奮鬥。

◇提供反應意見。

◇保持和諧的勞資關係。

◇提高士氣，建立團隊合作精神。

◇鼓勵成員積極參與決策。

◇透過瞭解整個組織目標，改善自己的工作績效。

◇提高產品品質和公司競爭力。

◇管理者和領導者傾聽員工意見，並及時給予答覆。

日本的成功管理經驗最主要的特點就是注意溝通。如員工參與決策過程、品質控制、領導者和管理者與職員在一個敞開的辦公室一起辦公、所有各級職員工作後的社交活動以及領導與被領導之間不強調地位身分等等，都是為更好地促進溝通的具體表現。日本的人力資源管理經驗證明，只有透過公開的各種溝通管道，使員工獲得所有訊息，然後大家一起決策，這樣的組織活動才能有效率和效益。日本經理們認為，儘管溝通有時花去一些時間，但這種溝通上的投資可以調整人的積極性，使每個人都能盡最大的努力為組織群體服務。

西方國家也開始重視溝通的問題，如美國一些大公司已建立各種溝通管道和網路，使員工與主管之間、員工與員工之間進行廣泛的溝通，有的甚至採取公司與顧客之間進行溝通的方法滿足他們的需要，預見他們的要求。美國國際商用機器公司就是保持與用戶經常的溝通，瞭解世界市場訊息，進而提供最佳服務，獨步全球。

所有人力資源管理系統都需要自上而下的或自下而上的有效溝通，只有有效的溝通，上下級之間、同事之間才能有理解、和諧的氣氛，才能將所有人的積極性帶動起來，為公司的目標服務。

三、有效溝通的條件和準則

☑有效的溝通過程須具備以下條件

個人溝通定義為「思想、感情及態度的語言性和非語言性所產生反應的傳送與接收。」管理者在解決要依賴於言語性和非言語性的個人溝通來處理的任務上耗費了大量的工作時間。個人溝通效率對於促進整個公司的成功極為重要，而且所有個人都可以從提高這些技能中受益。

溝通是兩個或兩個以上的人或群體之間傳遞訊息、交流訊息、加強理解的過程。這種社會性的溝通，特點在於每一個參與者都是積極的、主動的主體，溝通目的在於相互影響、改善行為。有效的溝通過程須具備以下條件：

(1)溝通雙方對所溝通的訊息具有一致理解，除了訊息交流外，還進行思想、感情、意見等方面的交流。

(2)訊息反應及時。

(3)溝通管道適宜。

(4)有一定的溝通技能和溝通目標。

溝通發生於當一些人發出和接受訊息，努力使他們自己的或別人的頭腦中產生出意義的時候。兩個人或更多的人之間的準確溝通，只發生在雙方分享經驗、感知、思想、事實或感情的時候。

準確的個人溝通，並不需要雙方意見一致，勞資雙方的代表在談判一項新合約的時候，可能意見很不一致，但是只要這些對立的觀點是按照原本打算表達的含義被傳送、接收和理解了，就能產生準確的個人溝通。

☑反應的準則

人們應該在下列準則的基礎上儘可能地提供反應：

(1)反應應當建立在發送者與接收者互相信任的基礎之上。如果組織環境以劇烈的個人競爭為特徵，強調利用權力進行處罰和控制，上下級之間的嚴峻關係就會缺乏有效反應所必須的一定程度的信任。

(2)反應內容應當具體明確，最好帶有具體的例證。如要說「你真霸道」，不如說「剛才我們決定那個有爭議的問題時，你根本不聽別人的意見，我感到不得不接受你的觀點，否則你就會攻擊我」更有用。

(3)反應應當在接收者看來準備接受的時候進行。因此，一個人怒火中燒，心煩意亂或者一心抵制時，最好不要提出其他新問題。

(4)應該和接收者檢查一下反應項目，以判定它是否有用。發送者可以請接收者覆述一遍，來確定是否與發送者意圖吻合。

(5)反應只應當包括接收者能夠做出討論的事物。

☑非言語性溝通與言語性溝通密切相關

非言語性溝通在本質上更加精妙，它透過其隱蔽的訊息對組織有著廣泛的影響。尤其是非言語性溝通會影響言語性溝通的過程和結果。非言語性訊息交流，可定義為在其他人在場時有意無意表現出來、而又被其他人有意無意地接收的全部行為。非言語性溝通的基本類型包括：

(1)身體動作，比如手指、面部表情、眼色、肢體接觸等。

(2)身體特徵，體形、體格、姿態、身體或呼吸的氣味、身高等。

(3)語言特點，如音質、音量、語速、音調等。

(4)生存空間，人們使用和感知空間的方法，包括座位的安排、談話的距離以及人們界定出個人空間的領地。

(5)環境，如建築和房間設計、家俱和其他物件、內部裝飾、清潔、光線和噪音。

(6)時間，早退或遲到、讓別人久等，對時代感受的文化差異以及時間和地位的關係。

非言語性溝通與言語性溝通密切相關。任何一種單獨的使用都不能達到有效的個人溝通。言語性和非言語性信號可以由以下幾種方式相互聯繫：

◇重複。

◇矛盾。

◇非言語性訊息來替代言語性訊息。

◇非言語性信號來加強言語性訊息。

◇非言語性訊息「強調」言語性訊息。

四、溝通的基本過程

這種溝通過程是社會性的，它以語言、文字、動作、表情作為傳達手段。人際溝通的特點在於溝通過程的每一個參加者都是積極的主體，溝通的目的在於互相影響以改善其行為。

透過人際溝通，有助於人們溝通思想感情，保障心理健康，建立良好的人際關係。只有這樣，組織內部才能建立自由溝通，訊息暢通，和睦友好的氣氛，充分調動人的積極性。

傳遞和溝通訊息的方式很多。如還可利用現代通訊工具進行溝通，在人與機器之間進行。不過人與人之間（或群體間）的直接溝通是社會心理學研究的問題，也是管理學，尤其是人力資源管理工作者所應瞭解的。

溝通過程主要有下列八種要素：

(1)發送訊息者。溝通的主體，它是訊息的來源，經由將思想加以編列內容而產生訊息。

(2)訊息。是指經過編列內容，進入溝通管道的有用訊息。當我們說話時，這些話就是訊息；當我們寫文章時，文章就是訊息；當我們畫畫時，畫就是訊息；當我們以動作表達時，手勢語、臉部表情等等都是訊息。訊息往往受到編列內容的選擇與處理常式的影響，因此也可能受到歪曲。

(3)編列內容。將思想、觀念、想法、情感等訊息內容編製成語言或非語言性符號。編列的條件有以下幾種：技巧、態度、知識和社會文化系統。例如一位管理者向下屬交代任務時缺乏技巧，則他們的訊息將無法讓下屬完全理解，甚至有時會鬧出誤會，因此成功的溝通依賴於說話的技巧。此外，寫作、閱讀、傾聽和解釋等技巧對於溝通都有很大的影響力。

態度會影響人的行為，當某人對某一問題有成見時，溝通自然會受態度的影響。再者，一個人知識水準的高低也會影響人們的溝通活動。如果我們對某一事情根本不懂，那麼我們就無法溝通。如果發送訊息若問題講得太深奧，接受者也許無法完全瞭解發送者所要發送的訊息。最後，一個人在社會文化系統中所處的地位也會影響行為表現。個人信念、價值觀與文化背景對於溝通都有影響，尤其是跨文化的溝通更是會受不同語言和文化的影響。

(4)管道。它是訊息的工具，傳送訊息的仲介，發送者有權選擇它。一般常用的訊息管道有口頭與書面。如果你與朋友面對面談話而想溝通訊息時，你有口語與動作兩種管道可用。對於某些特定的訊息，如通知人開會，我們有口頭或書面等通知管道可供選擇。

在組織中，特定的管道適用於特定的訊息。例如某一員工突然病倒，肯定不能再用書面通知醫院派救護車，而一定立即打電話通知。對於某些重要事項，如員工的績效評估與考核，管理者往往使用多種管道，當管理者看完績效評估報告後再跟被評估者口頭討論。只有這樣，才能減少訊息被歪曲的現象。

(5)解讀。接受者在接受訊息前，必須將編列的訊息讓接受者能夠瞭解的程度，此一過程即為解讀。如同發送者將訊息以文字、圖表，專有名詞等方式，受到其技巧、態度、知識和社會文化系統的影響，接受訊息時也有同樣的情況。

訊息發送者須能技巧地說或寫，而接受者同樣地也需要能技巧地聽或讀，而且雙方必須能夠互相理解才行。一個人的知識會影響他的接受能力，當然，接受者的態度與文化背景都會影響接受訊息。

(6)接受者。是指接受訊息的個人。

(7)干擾。在溝通過程中，溝通的每一要素出現的干擾現象會影響訊息的傳送。發送者和接受者情緒好壞，兩者之間的誤解、價值觀、認知程度、地位差異等形成溝通距離，編列和解讀時採用的訊息符號差異等等都會影響溝通過程。

(8)反應。如果接受者能充分解讀訊息，並使訊息融入溝通系統中，則會有反應產生。反應是檢驗訊息傳送的程度，由反應可以得知訊息是否已經完全為接受者所瞭解。簡言之，接受訊息者將收到的訊息處理後，又傳送給訊息發送者。

溝通的基本過程的每一環節都很重要，只要有一個環節上出問題，溝通訊息的效果就達不到。

五、溝通的基本方法

溝通的基本方法有四種：書面、口頭、非語言和大眾傳播。這四種方法經常是同時交錯在一起使用。選擇哪一種溝通一般取決於接受訊息者是否當時在同一地點、訊息的緊急程度、訊息的祕密程度以及傳遞方式的價格費用。

☑書面溝通

書面溝通是藉助於書面文字進行溝通。如書信、備忘錄、報告、佈告、通知、工作手冊、報表以及公司的定期刊物等。

書面溝通的優點是訊息可以長期保存，對一時辨識不清的訊息可作反覆研究。如訊息內容發生問題時，還可以參考留存的資料。在複雜或較冗長的溝通場合尤其顯出書面溝通的重要性。書面溝通的另一個優點是來自於溝通過程本身，除了發表正式講演等少數情況外，書面溝通對語言文字的依賴性較強，往往需要更全面、較合邏輯並且清晰的表達方式。

書面溝通的效果受文字修養的影響很大。而書面溝通的缺點是要花費很多時間，如口頭表達需要十到十五分鐘，而書面方式也許要花一個小時才能將這些訊息寫下來。

此外，書面溝通的反應效果慢，如寄一份備忘錄給某人，不見得他能理解備忘錄內容的原意。即使理解，書面答覆也較緩慢。

☑口頭溝通

口頭溝通是藉助於口語進行溝通。如演講、討論、談話，以及非正式的悄悄話或謠傳等。口頭溝通的好處是比較靈活、速度快，雙方可以自由交換意見。口述的訊息能夠在短時間內傳送出去並被接受。如果接受者不能很清楚地瞭解這一訊息內容，傳送者能及時發現並可及時糾正。

口頭溝通的缺點是訊息保留時間較短，使用也有一定的侷限性，尤其是訊息需要透過許多人來傳達時，訊息可能被歪曲走樣。

☑非語言溝通

人類進行溝通活動最重要的工具當然是語言，但是溝通的工具絕不只是語言。如藉助某些無聲語言來達到溝通的目的。非語言溝通包括手勢、面部表情、身體動作、空間、時間等等。

(1)手勢。手勢是人們進行非語言溝通的一種工具。例如，中國人豎起大拇指是表示稱讚某人或讚賞某物或籠統表示贊同或好的意思。而在美國，常常有人站在公路邊，舉手豎起拇指，拇指朝著他要去的方向擺動，意思是希望搭便車。這個動作就是說，「我要到……去，是否可以讓我搭便車。」這些手勢，如不經解釋，往往為其他民族的人所不理解，以致造成某些誤會。

(2)時間。由於民族之間的文化不同，人們對時間的觀念也有所不同。如在美國，人們非常講究時間。他們不管工作、約會、上課、吃飯、看戲、開會都很講究準時。人們的生活節奏是快速的，時間觀念是極受重視的。譬如，約會，人們總是事先預約，講好幾點，約會時間大約多久。

(3)顏色。由於人們在日常生活中經常與顏色接觸，所以很多時候把它們用來代表顏色以外的東西。因此，人們在溝通過程中，應注意顏色這類非語言溝通。如在東方，人們用紅顏色的紙作包裝送禮，表示吉利，過去紅顏色表示「革命」等。而在其他國家紅色有其他含義，如在美國，人們用紅墨水記帳表示赤字。所以商界人士最怕紅字，因為商界裡的赤字、負債都是用「紅」來書寫的。

就一個單位而言，它可以建立各種溝通的正式制度，如對新員工進行職前教育，使員工瞭解公司情況，也讓公司瞭解員工情況；製作員工工作手冊，手冊應包括公司的目標、方針、政策、規章制度、崗位責職、獎懲制度等，辦公司刊物和公告欄，使員工瞭解公司的活動、當前與今後的計劃、問題等。

常舉行民主式的會議，使員工參與民主管理，設立意見箱或建議箱，方便反應員工對公司不滿意的政策、措施以及不公平待遇等提出意見，透過正當管道得到解決，或者員工對公司的工作改進、技術革新、發明創造提出建議等等，這些都是公司內部可採取的溝通方法。

☑電子媒介

在當今科技發達的時代，我們利用許多複雜的電子媒介來進行溝通。除了較常見的電子媒介如電話及傳真系統外，還有視訊系統、E-mail、等都可以作為有效的溝通工具。

六、克服障礙，提高溝通效率

☑常見的溝通障礙

溝通的障礙是指阻礙正常溝通進行的現象。溝通障礙一般來說有以下六種：

(1)語言障礙。指語言表達不清，使用不當，造成理解上的困難或產生歧見。

有時即使是同樣的字眼，對不同人而言，有不同的含義。年齡、教育程度、文化背景是三種較明顯的因素，會影響到人們對語言的使用以及對字眼的定義。組織內的成員背景不同，而且因從事不同類型的工作，必然會產生各自的「行話」或技術用語，如大型企業、跨國企業，其成員都是來自不同地區甚至不同國家，因此使用的字眼往往不同。如果我們能夠知道每個人對語言的用法，那麼溝通上的困難就會減少。有時謠言的傳遞，也使公司內的真實訊息受到阻礙。

(2)過濾的障礙。在溝通過程中，往往因「過濾作用」（filtering），使得溝通受到很大影響。如為了讓接受訊息者高興，訊息傳送者故意操縱訊息。一些部門的主管對上層喜歡說好聽的話，報喜不報憂，這就是在「過濾」訊息了。

(3)心理的障礙。這是指個性特徵和個性傾向所造成的溝通困難。如個人與個人之間、公司與公司之間、個人與公司之間需要和動機的不同，興趣與愛好的差異，都會造成人們對同一訊息的不同理解。溝通雙方不和諧的心理關係，某一方或雙方的認知程度，也會對溝通產生不良影響。

(4)時間壓力的障礙。如果接受訊息者只有很短的時間理解接受的訊息，他也許會誤會或忽視其中一部分訊息。管理者有時間的壓力，因為決策是有時間限制的，時間壓力會造成溝通問題。當事情被迅速處理時，正式的溝通管道會縮短，因此有些人會被蒙在鼓裡；有時候是因時間緊急，導致訊息傳達得不完整或模糊不清。

(5)訊息過多的障礙。管理者所接受的訊息有從上面傳下來的，也有從下面報上來的，也有同事轉述過來的。因為缺乏自動控制系統，所以訊息往往大量湧進，使管理者一時無法掌握訊息的精華，選出最重要的訊息。

科技的進步，使經理們透過電腦和傳真可以獲得大量訊息，如果他們不注意處理這些訊息，溝通的效果可能會受到影響。因此，管理人員不得忽視一些訊息，或只是瀏覽一下，這樣有時有些重要訊息可能會漏掉或出現理解錯誤。

(6)公司機構與地位的障礙。因公司機構複雜龐大，環節太多造成訊息損耗和失真。有時組織內設立的各種機構和單位，由於員工與管理者之間的地位差別，也會造成溝通上的困難。

☑提高公司的溝通技術

要提高溝通效率，管理者就必須充分認識溝通障礙的現象，避免和解決公司中的溝通障礙，改善公司內部的人際關係，提高公司溝通網路的技術。

(1)改善人際關係。人是社會的人，人有合群和群體的需要。人只有透過彼此間相互交往和溝通，訴說各人的喜怒哀樂，才能增進人際之間的感情，產生親密感。換言之，交往與溝通本身是一種人類所特有的精神需要，在人類需要結構中佔有相當重要的位置。如果滿足員工的精神上的需要，他們就心情愉快，衝勁倍增。人與人之間有了共同的語言，即使溝通碰到障礙，也會相互理解。

(2)提高組織溝通網路的技術。有效的組織溝通是及時地用正確的形式向必須溝通的人提供準確的訊息。

要提高組織溝通網路的技術，管理人員必須在組織內建立有效的溝通管道，尤其是那些非正式的、開放式的溝通管道，因為溝通管道暢通，有利於單位內成員之間、上下級之間建立相互信任的關係，減少地位障礙和謠言的傳播。在當今新技術革命的時代溝通更加容易，速度更加快了。

(3)控制訊息流程。為了緩和訊息過多的狀況，管理者有必要建立一套控制系統，使接受的訊息都是重要的，而且優先接受那些較為重要的訊息。所謂控制訊息，是指控制訊息的質和量。

控制訊息流程，首先要考慮授權下屬處理某些訊息，由下屬選擇性的將重要訊息報告給管理者。其次，讓下屬將進來的訊息加以濃縮。

訊息傳送者作口頭溝通時，應鼓勵他們簡明扼要，如作書面溝通時，要求他們列出報告的要點。其次，讓下屬根據訊息的重要程度分類。這樣，訊息與訊息之間就可以確定一個優先順序的關係，而且也不致於遺漏或忽略掉重要的訊息。

(4)主動傾聽意見。管理者要注意傾聽各種不同訊息和意見。傾聽是主動地聽取意見和瞭解對方話中的含意。

加強溝通合作，建立堅強的團隊

一、注重溝通，建立共識

高級管理者一定要考慮到問題的全面性，應該在處理某些問題的時候，從下屬的實際情況出發，做出合理的決定。

☑重視溝通討論

管理就是藉著他人自發性的協助與努力，以達到預先設定的目的。命令、報酬、建立共識等三種使人聽命行事的手段中，只有「建立共識」能達到最好的效果。所謂命令是指不顧對方想法，完全照自己的意思控制他人。

強調報酬的管理方式可說是有作用的，像那種比較艱苦的勞動工作或是危險的職務，往往必須靠這種強調報酬的方式來讓人聽命行事。

管理者的態度，就看他對這三種激勵手段的重視程度不同而有所差異。如果經理沒有具備自然激發部屬自主性協助能力，就會仗其職位採取高壓統治，甚至有自築高牆拒絕溝通的現象，就算部屬主動提出看法，他也會強硬地說：「你不用再說了，就照我說的去做！」或說：「我才不會聽你的！」通常這類型的人多半行事膽小謹慎，自尊心也比一般人強烈。因對自己的領導能力不具信心，即使是一點點的意見交換，也深怕防線失守，被部屬破壞了自己身為經理的威嚴。

具有某種程度自信的經理人，往往願意虛心聽取周遭率直的意見。掌握部屬的真心是互相瞭解的第一步。即使有時非得表現出身為長官的威嚴，等到最後一刻再表現也不算遲。

現今仍以地位、權威作為一切行動之依據的組織，就屬軍隊為最典型的例子。因為軍隊將各種時候均視為非常時期，必須要求絕對服從。在非常時期人們的確無暇去做民主式的討論，但是有些經理在平常的公司組織中仍拒絕溝通討論，這種管理心態大錯特錯。

☑儘可能以體諒的心態來看人

不喜歡與部屬或後輩溝通的人，經常會說：「真是不習慣現在的年輕人！」或是說：「他這樣搞，真讓人擔心！」

其實不論東方人還是西方人，凡是上了年紀的人總喜歡說這種老氣橫秋的話。與多數年長的人相反，強調「現在的年輕人不簡單」的長者雖然不多，可是確實有。比如在日本產業界中以提倡國際化著稱的前任SONY董事長盛田昭夫先生就是其一。

「雖然常有人說和以前比較起來，現在的年輕人太不長進，但是我個人卻不這麼認為，我覺得現在年輕人的感受性比以前的人好太多了。」事實上，除了盛田先生之外，還有不少企業經營者也曾表示過對年輕人心態的理解：「想想也有道理，那種凡事堅持己見，眼界、心胸狹隘的人，絕對無法獲得工作同仁的賞識，當然也不可能坐到負責人的位置了。」

只要能以不否認，並且儘可能以體諒的心態來看人，通常都會發現每個人的特點和價值，就算無法完全認同，也應能有一定程度上的諒解吧。而對方也會隨著你的諒解，而表現出更寬容的態度，如此相互瞭解，將有助於彼此更深入的認識。只要稍稍改變觀點，對事物的看法就會有一百八十度的大轉變。

二、防患於未然，創造輕鬆愉快的工作環境

在企業中，人與人之間常會出現矛盾。自己的下屬有時甚至會為雞毛蒜皮的小事而僵持。這些不愉快，常會造成企業中的不和諧因素，有時甚至使局面緊張，影響工作的正常進行。作為一名經理人，應當設法消除這種狀況，營造良好的工作氣氛，以保證員工在團結合作的氣氛中完成任務，實現目標。

一個最穩當的辦法就是防患於未然，因為一旦出現不和，雙方再和好如初的可能性就很小了。因此，你要儘可能地接近下屬，瞭解他們的工作進展程度和存在的困難，要注意傾聽員工的意見，讓員工在愉快的狀態中投入工作。如果每個員工在工作時都是很愉快的，他們就不會出現過多的問題。

你要留意你的員工的一些極小的變化，如大喊大叫、遲到、亂扔工具或臉色難看，這些都可能是存在不滿情緒的表現。對這些員工多些關心，可以讓他們在情緒爆發前就忘掉它，更努力地投入工作。但是，員工之間一旦出現了衝突，你就要以調解人的身分設法解決。

如果雙方的衝突只是意見上的分歧，經理人就較容易處理。只要雙方抱持認真負責的態度，意見分歧是對企業有利的，你可以讚揚他們的敬業精神，並和他們一起找到更為合理有效、可行的辦法。

如果雙方的衝突是個人衝突，你不要急於表態是支持一方還是否定另一方。最好去聽聽雙方的想法，讓他們都消消氣，然後以公司利益為重處理此類問題。告誡他們要尊重對方，理智地看待雙方的矛盾，制定出一些行為準則，如不准擾亂他人工作，不准使用暴力，不准對同事採取不合作的態度等。

如果員工之間的衝突已經產生，衝突雙方各有一定的支持者，這時更應當謹慎處置，在他們之間強調工作第一。如果雙方的衝突已經嚴重影響到公司的正常工作，對公司造成了極為惡劣的影響，你就不應坐視不管，寬容雙方，你要讓他們知道誰對公司造成危害誰就要擔負責任。只有採取強硬措施嚴懲肇事者甚至辭退他們，才能讓員工安定下來，公司才能正常發展。公司花錢不是讓他們來鬧事的，而是讓他們來為公司工作的。

當然，對於不太嚴重的個人衝突，有一個方法可幫你化解，這就是讓他們互換角色，站在對方的立場上想一想應當如何看待問題，他們就可能看到自己的侷限與失誤，知道自己的不足，衝突也就容易化解了。總之，最重要的是要防患於未然，創造輕鬆愉快的工作環境，讓員工好好工作。

三、與「難纏的下屬」建立好的關係

一個單位裡的下屬，並不都是那麼精明、能幹，難纏的下屬也不少見，能夠建立與他們的關係，也是一種不小的本事。最常見的應屬無論大事小事都嘮嘮叨叨、大驚小怪的下屬。這種下屬往往心態不穩定，遇事慌成一團，大事小事統統請示，還嘮嘮叨叨，狀況特別多。

跟這樣的下屬交代工作任務時要說得一清二楚，然後令其自己處理，給他相對的權力，同時也施加一定的壓力，試著改變他的依賴心理。在他嘮叨時，不要輕易表態，這樣會讓他感覺到他的嘮叨既得不到支持也得不到反對，久而久之，他也就不會再嘮叨了。

有的下屬喜歡爭強好勝，他總覺得比你還強，好像你們倆的位置應該顛倒過來才對。這種人狂傲自負，自我表現慾望極高，還經常會輕視你甚至嘲諷你。遇到這樣的下屬，不必動怒。這個世界上自以為是的人到處都有，你遇見了，很正常。也不能故意壓制他，越壓制他越會覺得你能力不如他，是在以權欺人。

認真分析他的這種態度的原因，如果是自己的不足，可以坦率地承認並採取措施糾正，不給他留下嘲諷你的理由和輕視你的藉口，如果是他覺得因懷才不遇才這樣的話，你不妨為他創造條件，給他一個發揮才能的機會，重任在肩，他就不會再傲慢了。也讓他體會到要成功做好一件事情的艱辛。

有的下屬總是以自我為中心，不顧全大局，經常會向你提出一些不合理的要求，什麼事情都先為自己考慮。有這樣的下屬存在，你就要儘量地把事情辦得公平，把每個計劃中每個人的責任與利益都向大家說清楚，讓他知道他該做什麼，做了這些能得到什麼，就不會再提出其他的要求了。同時要滿足其要求中的合理程度，讓他知道，他應該得到的都已經給了他。而對他的不合理要求，要講清不能滿足的原因，同時對他曉以大義，暗示他不要貪小利而失大義。還可以在條件允許的情況下做到仁至義盡，讓他覺得你已經很夠意思了。

還有的下屬自尊心特強，極敏感，多慮，這樣的人特別在乎別人對他的評價，尤其是上司的評價。有時候哪怕是上司的一句玩笑話，都會讓他覺得上司對他不滿意了，因而會導致焦慮，憂心忡忡，情緒低落。遇到這樣的下屬，要多給予理解，不要埋怨他小心眼，多幫助他。在幫助的過程中，多做事，少講自己的意見，意見多了會讓他覺得你不信任他，給他一些自主權，讓他覺得自己可以應付，經常給予鼓勵。

要尊重敏感的下屬的自尊心，講話要謹慎一點，不要當眾指責、批評他，因為這樣的下屬的心理承受能力差。同時也要注意不要當他的面說別的下屬的毛病，這樣他會懷疑你是不是也在背後挑他的毛病。要對他的能力和長處表示欣賞，逐漸放下他的防禦心理。

還有一種下屬，喜歡挑主管的毛病，議論上司的是非。這種下屬常對你的一些無關緊要的小問題渲染傳播，留意你的一些細節，而有時還像是很忠誠的為你著想。和這樣的下屬相處，首先要檢查一下自己本身是不是有問題。可以多徵求他的意見，讓他覺得你是真誠對他的，那他就不好意思再渲染你的一些生活細節問題。對於不易感化的人也不要一味忍讓，就直接給予指出，讓他有自知之明。

每個經理人都會遇到難纏的下屬，也不可能把他們每個都趕出去。你必須面對他們，學會了與他們交往，處理起與下屬的關係來就更加得心應手。

四、培養員工整體搭配的團隊意識

團隊意識就是職員對公司的認同程度，把公司利益放在第一位的意識。在這種意識下，職員能夠相互協調，配合行動。有無團隊意識決定著一個公司能否齊心協力，朝著既定目標前進。從現代很多成功企業的經驗看，培養員工的團隊意識乃是企業生存成長的法寶之一。

缺乏團隊意識乃是造成公司組織工作無法順利進行的最大原因。一般的公司，上班的職員都是各自進行工作，如果認為「我一個人休假，不至於影響公司的運作」的想法，則是大錯特錯的，這是忽視團隊意識的表現。因為整個公司像一個上緊發條的機器，個人也會影響其運轉的速度和效率。不經意的請假，間接地就會減低當日上班者的效率，因為他們必須替請假的人處理許多工作，增加工作上的負擔。所以，經理必須對私自缺勤者嚴加警告，否則就沒人願意上班了。

同時，團隊意識也要靠經理人的大力提倡才能逐漸在職員的腦海裡形成印象，進而形成良好的習慣。涉及經理個人利益時，經理還要自覺捨棄一些個人利益，以在員工中樹立加強團隊意識的表率作用。

一個真正的有效率的團隊，應該看起來就像一個人一樣，身體每一部分的配合與協調都自然順暢，恰到好處。要做到這一點，管理者必須學會在下屬中間培養默契，找到「心有靈犀一點通」的感覺。培養下屬整體搭配的團隊默契，是增進團隊精神的另一個不二法門。

作為團隊的領導人，你固然要讓每位成員都能擁有自我發揮的空間，但更重要的是，你要用心培養大家，破除個人主義，整體搭配，協調一致的團隊默契，同時，努力使彼此瞭解截長補短的重要性。畢竟，合作才會產生更巨大無比的力量。因此，經常教導灌輸成員瞭解相互依存、依賴支援才能達成任務的觀念，是主事者責無旁貸的重要職責。喚醒團隊成員整體搭配的觀念時，你必須將焦點集中在他們的同心協力的行動和甘苦榮辱的感受上。

要建立一支有效率的團隊，並非一蹴可及的事，但是如果能夠在以下幾項基礎上持續努力的話，一定可以幫助你早日實現你的心願。

⑴對建立團隊保持正面、認同的態度，說明組織內每位成員都明白建立團隊觀念的重要性。

⑵融入到你的組織之中，和成員們打成一片，打破「我是上司，聽我的命令做事」的作風，把夥伴當成珍貴無比的「資產」來看待，而不是機器。

⑶包容、欣賞、尊重成員的個別差異性，確信每一位成員都願意與他人合成一個團隊。

⑷儘量讓夥伴們共同參與，設定共同的目標，讓夥伴們一起參與討論重大問題的

解決方法。

(5)在公平的基礎下分派任務，分配報酬。

當過兵的人都知道，凝聚力能使戰鬥力產生驚人效果，也就是說，只要一個部隊團結，它的戰鬥力就會增加好多倍。一個小的部隊，若有堅強的凝聚力，往往能戰勝大過它好幾倍的強敵。

成員之間配合默契，且有強大的凝聚力，這樣的團隊堪稱楷模！英國著名企業策劃專家博比・克茲在《公司合作中的用人術》一書中認為：「企業領導的責任不是僅僅考慮員工個人才能的發揮問題，而是應該根據每個員工個人才能的特點，加以組織起來並形成團隊合作力量的問題。沒有團隊合作的個人才能，僅僅是局部的效應，如果要真正的構成了重大的競爭勢力，必須有效地把這些分散的個人才能組織起來構成團隊合作的結構力量。因此，企業領導用人之術應該注重員工凝聚力的培養，這是一個企業旺盛的標緻。」這是說，企業領導管理員工應該從「大處著眼，小處著手」，充分把個人放在整體中考量和任用，切勿眼光短淺，僅顧眼前利益，而忽視長遠規劃。企業的生命應當持久，要做到這一點，企業領導如何把員工塑造成為一個「團隊合作的結構」，至關重要。

五、建立一個真正的團隊

具有非凡能力的領導人，他們就像有天生獨特的能力、魔力，可以在很短的時間內，扭轉乾坤，將一群柔弱的羔羊訓練成一支如雄獅猛虎般的管理團隊，所向披靡。此外，每位成功的領導人幾乎都擁有一支完美的管理團隊。這些成功的領導人所率領的團隊，無論是他的成員、組員氣氛、工作默契和所發揮的生產力，和一般性的團隊比起來，總是有相當大的不同的地方，他們常表現出以下主要特徵：

☑目標明確

成功的領導者往往主張以成果為導向的團隊合作，目標在於獲得非凡的成就，他們對於自己和群體的目標，永遠十分清楚，並且深知在描繪目標和遠景的過程中，讓每位夥伴共同參與的重要性。

因此，好的領導者會向他的追隨者指出明確的方向，他經常和他的成員一起確立團隊的目標，並竭盡所能設法使每個人都清楚瞭解、認同，進而獲得他們的承諾、堅持和獻身於共同目標上。因為，當團隊的目標和遠景並非由領導者一個人決定，而是由組織內的成員共同合作產生時，就可以使所有的成員有「所有權」的感覺，大家從心裡認定這是「我們的」目標和遠景。

☑各負其責

成功團隊的每一位夥伴都清楚的瞭解個人所扮演的角色是什麼，並知道個人的行動對目標的達成會產生什麼樣的貢獻。他們不會刻意逃避責任，不會推卸分內之事，知道在團體中該做些什麼。

大家在分工共事之際，非常容易建立起彼此的期待和依賴。大夥兒覺得唇舌相依，生死與共，團隊的成敗榮辱，「我」占著非常重要的分量。同時，彼此間也都知道別人對他的要求，並且避免發生角色衝突或重疊的現象。

☑強烈參與

現在有許多的公司風行「參與管理」。領導者真的希望做事有成效，就會傾向參與或領導，他們相信這種做法能確實滿足「有參與就受到尊重」的人性心理。

成功團隊的成員身上散發出擋不住參與的狂熱，他們相當積極、相當主動，一遇到機會就參與。透過參與的成員永遠會支持他們參與的事物，這時候所匯聚出來的力量絕對是無法想像的。

☑相互傾聽

在好的團隊裡，某位成員講話時，其他成員都會真誠地傾聽他所說的每一句話。有位負責人說：「我努力塑造成員們相互尊重、傾聽其他夥伴表達意見的文化，在我的公司裡，我擁有一群心胸開放的夥伴，他們都真心願意知道其他夥伴的想法。他們展現出其他公司無法相提並論的傾聽風度和技巧，真是令人興奮不已！」

☑死心塌地

「支持是團隊合作的溫床。」克特曾花了好幾年的時間深入研究參與組織，他發現參與式組織的一項特質，管理階層信任員工，員工相信管理者，信心和信任在公司上下到處可見。幾乎所有的獲勝團隊，都全力研究如何培養上下間的信任感，並使團隊保持旺盛的士氣。他們表現出四種獨特的行為特質：

(1)領導人常向他的夥伴灌輸強烈的使命感及共有的價值觀，且不斷強化同舟共濟，相互扶持的觀念。

(2)鼓勵遵守承諾，信用第一。

(3)依賴夥伴，並把夥伴的培養與激勵視為最優先的事。

(4)鼓勵包容異己，學會獲勝要靠大家協調、合作。

☑暢所欲言

好的領導人，經常率先信賴自己的夥伴，並支援他們全力以赴，當然他還必須以身作則。在言行之間表示出信賴感，這樣才能引發成員間相互信賴、真誠相待。

成功團隊的領導人會提供給所有的成員雙向溝通的舞台，每個人都可以自由自在、公開、誠實表達自己的觀點，不論這個觀點看起來多麼離譜。因為，他們知道許多偉大的觀點，在第一次被提出時幾乎都被冷嘲熱諷的。當然，每個人也可以無拘無束地表達個人的感受，不管是喜怒哀樂。一個高成效的團隊成員都能瞭解感謝彼此都能夠「做真正的自己」。總之，群策群力有賴大家保持一種真誠的雙向溝通，這樣才能使組織表現日臻完美。

☑團結互助

在好團隊裡，我們經常看到下屬們可以自由自在的與上司討論工作上的問題，並請求：「我目前有這種困難，你能幫我嗎？」

再者，大家意見不一致，甚至立場對峙時，都願意採取開放的心胸，心平氣和地謀求解決方案，縱然結果不能令人滿意，大家還是能自我調適，滿足團隊的需求。當然，每位成員都會視需要自願調整角色，執行不同的任務。

☑互相認同

受到別人的讚賞和支持是高成效團隊的主要特徵之一，團隊裡的成員對於參與團隊的活動感到興奮不已，因為每個人會在各種場合裡不斷聽到這話：「我認為你一定可以做到！」「我要謝謝你！你做得很好！」「你是我們的靈魂！不能沒有你！」「你是最好的！你是最棒的！」這些讚美、認同的話提供了大家所需要的強心劑，提高了大家的自尊、自信，並驅使大家願意攜手同心。

許多企業的經營者大聲疾呼：「我們愈來愈迫切需要更多、更有效的團隊，來提高我們的士氣。」身為企業領導人的你，你可得把建立堅強的團隊這件事列為第一優先處理的任務，千萬不要忽視或拖延下去了。

創造一支有效團隊，對領導人可說是百益而無一害的，如果你努力做到的話，你將可以獲得以下的好處：

(1)「人多好辦事」，團隊整體動力可以達成個人無法獨立完成的大事。「三個臭皮匠，勝過一個諸葛亮」，團隊能有效解決重大問題。

(2)成員有參與感，會自發性的努力去做，可以使每位夥伴的技能發揮到極限。

(3)促使團隊成員的行為達到團隊所要求的標準。

(4)提供追隨者有更足夠的發展、學習和嘗試的空間。
(5)刺激個人更有創意，有更好的表現。
(6)讓衝突所帶來的損害降至最低。
(7)設定明確、可行、有共識的個人和團體目標。
(8)領導人與員工縱使個性不同，也能互相合作和支持。
(9)團隊成員遇到困難、挫折時，會互相支持、協助。

請務必牢記在心：一支令人欽羨的團隊，往往是一支常勝軍，他們不斷打勝仗，不斷破紀錄，不斷改造歷史，創造未來。而作為偉大團隊的一分子，每個人都會驕傲地告訴周圍的人說：「我喜歡這個團隊！我覺得自己活得意義非凡，我永遠不會忘記和那些人心手相連，共創未來的經驗。」

透過在團隊裡學習、成長，每位夥伴都會不知不覺重塑自我，重新認知個人與群體的關係，在工作和生活上得到真正的歡愉和滿足，活出生命的意義。一個真正的團隊能讓你如虎添翼、臨危不亂、所向披靡。

六、增強企業中的合作精神

在今天，企業中人與人之間的密切合作對於企業實現發展目標有很大的說明。然而，企業時常會出現缺乏合作精神的現象。企業家都很關心如何增強企業中的合作精神。

經理人在感到自己的企業中缺乏合作精神時，應當認真觀察自己的企業，找出事實證據，記錄下來。思考這個問題：如果企業處於最佳的合作狀態，會是什麼情況，將處於最佳合作狀態時的特徵記錄下來。然後讓公司裡的其他人參與進來，既要讓他們檢測你的觀察結果，讓他們思考同樣的問題，還要請他們對如何改善提出建議，這樣就能形成更全面的對缺乏合作精神現象的認識，描述出更理想的處於最佳合作狀態的特徵，還能建立相互間的理解，為改善提供空間。

之後，你就可以在公司挑選一批人，讓他們開始合作。這些人應當各有所長，具備完成工作所需的最強技能。讓他們按照你的方法去做，並要求他們按下面將要介紹的幾個步驟去做，慢慢地他們就會開始合作了。

當然，在讓你選出的人進行合作時，你也不能漠然旁觀，要盡職盡責樹立典範！你要提供必須的支援，設定一個效果期望值，建立評價效果的標準，建立有利的激勵機制，建立解決問題的程式，給成員制定行為標準的相應權力。讓成員自行設定標準，自行定義表現和行為，而且還要注意隨時為每個成員添加動力。雖然有效的合作大多是任務推動的結果，但是注意添加動力也會使效果更好。

另外，還要獎勵優秀者。讓人們知道怎樣的表現會受到讚賞和肯定後，員工就會朝這個方向去努力。如果被挑選出的人做得很好，就應當給予獎勵。要找到機會向全體員工說他們合作的很好，並說服其他人向他們學習，鼓勵其他人也這麼做。

最後，你應當審視你的企業合作狀況。你應當尋找代表高水準合作的有關情景，不論是讀來的，聽到的，或是親自經歷過的都可以，找出這些情景的共同特徵後，你會發現在高水準的合作中每個人都是重要角色，都對工作任務認真負責，都信奉相同的價值觀。以此種共同特徵與自己企業中的合作狀況相對比，如果本企業的合作狀況不佳，就應花些時間重新安排所選之人的角色、任務和工作方向再作努力。記住，共用的目標、任務及價值對建立所需的合作有很大的幫助。使員工產生團結感，樹立共同目標。

白手起家的企業家追求的是如何使小企業發展成為大公司。日本的志戶水泥公司的發展壯大對具有白手起家的雄心壯志的企業家來說，是一個很好的學習典範。

這家國際化的大公司原本只是一家家庭式的小工廠，利潤不高，也無知名度，員工也沒有積極性，工作態度隨便，拖拖拉拉，公司的生產率極低。新任總經理決心振興企業，讓志戶水泥公司來個天翻地覆的大變化。

新任總經理認為，企業振興的關鍵在於員工積極性。因為人才一般不願到這家利潤不高、吸引力不大的公司工作，所以，總經理決心設法讓現有員工重新拾起幹勁與他們齊心協力，讓志戶水泥公司以嶄新的面貌引起世人的關注。

總經理和員工一起共同制定未來的發展計劃和現在的整頓措施。對新到員工採取了特殊辦法，讓他們住了四到五天的集體宿舍，並讓指導員和他們生活在一起，一起用餐。這有利於新員工瞭解公司的各種情況和存在的問題，進而使新員工堅定了信心，決心和老員工一致為振興公司而共同奮鬥。

總經理的做法使員工產生了夥伴感和團結感，大家開始有了共同目標，為振興志戶而奮鬥。志戶水泥公司也依靠自己員工的力量走上了振興之路。兩年後，該公司就以質優價廉的產品佔領了市場。現在，它的產品遠銷世界各地，深受歡迎。

MEMO

注重人才養成和培訓

放手培養下屬

一、任何設備的功能是有限的，而人的潛力是無限的

現在，許多公司在招聘員工欄中都明確強調「須有經驗者」。看似平常的一句話，卻將無數有志於效力該企業的應屆畢業生拒之門外。應徵者的理由是：應徵必須服從本企業的經濟目的，我這裡不是職業培訓公司，所聘人員要立刻能用。

問題的關鍵不在於「工作經驗」本身，也不在於培訓的內容，而是培訓的理念走向。由於理念的不同，手段就不同。在外商企業，他們渴望大批有主動性的年輕人，包括那些還在攻讀的工商管理碩士、博士，在他們看來，儘管這些年輕人也沒有經驗，但有學歷和素質，幾年後，這些後起之秀將成為公司的中堅份子。同樣，有遠見的企業已將員工的培訓納入經營策略。在市場日益國際化的今天，我們也應對培訓日益重視，協調好人力資源的利用與開發的關係。要做好這一點，首先是對培訓的理念來一場革命。

培訓是素質彈性的調節器，但遺憾的是，眾多的中小企業並沒有真正意識到學歷的重要性，不知道學歷與素質互為表裡的關係。有的企業對學歷問題有些覺察，但由於其他的一些短期行為的原因，並未真正把學歷當一回事，因此在應徵員工時強調應具有一定的「工作經驗」。

這些企業或者拘於資金的短缺，或者因短視的觀念，以「工作經驗」為由而將大批高素質人才拒之門外。而流動來的有「工作經驗」者，往往是由其他企業「跳槽」而來，因不滿意原本企業報酬等原因而來尋求機會，旋即又產生新的不滿意而匆匆離去，使得某些崗位長期處於不穩定中，進而對企業利益造成直接損害。而這種「來也匆匆，去也匆匆」者的行為又往往影響到其他一些人員的穩定，因而進一步對企業造成間接損害。

學歷教育是一種素質教育，這一點，已被大多數發達國家的教育實踐所反覆證實。像日本的東京大學就具有鮮明的淡化職業，注重素質的特點，學生在校期間所學知識的八十%以上並不能具體用於某一職業。但日本各大企業競相聘用東京大學畢業生，說明這一老牌資本主義國家的企業家較具策略眼光，也從過去的經歷中感覺到學歷教育所蘊藏的素質內涵。

聘用沒有經驗的高素質人才，基於如下兩種觀念。其一，素質是有彈性的，素質越高，越能達到和接近企業的經營目標，反之，則可能成為緣木求魚。從人力資源策略角度來看，著眼於素質而輕忽於經驗不失為明智之舉。其二，學歷教育所授知識本身很少能直接作用於企業，但在把所學知識轉化成企業的經驗與技能的過程中，培訓起了重大作用，它一方面把理論轉化成實際技能，另一方面把素質所蘊藏的巨大能量誘發出來作用於企業經營，可以說，培訓是經驗的調節器和放大器。

基於此，如果企業將員工培訓視為企業組織結構的必備環節，那麼就不會將「工作經驗」當作應徵員工時的不可或缺的條件，就可以在豐富的人力資源的獲取和利用中做出更具策略性的選擇。

機會成本是培訓決策的真正成本，機會成本這個概念是由資源的缺乏引起的。資源的缺乏性決定了資源如果用於甲用途，就不能用於乙用途，對乙用途來說，是一種機會損失。若一企業有資金一百萬，用於購買設備擴大再生產或用於員工培訓，二者的會計成本和機會成本均是一百萬，用於存入銀行，則會計成本為零，機會成本仍為一百萬。從會計學的觀點來看存入銀行管理費用最低，但從經濟學的觀點來看，三個方案的機會成本相同，說明三個方案不分優劣。

遺憾的是，在實際操作時，決策者更注重於會計成本。一些管理者錯誤地認為，新員工只要隨著時間推移，會自動地逐步適應而勝任工作，不需要在培訓上作無益或者作用不大的投入，因此，一些企業忽視對新員工的培訓。八十%的企業沒有對新員工進行必要的培訓就立即分配到正式職位上去，以後員工的成功與否，基本上取決於員工本身的適應能力和所處的環境。企業不進行新員工培訓，往往使新員工在較長時間內業績不好，缺勤率和離職率居高不下。由於缺少培訓所造成的效益損失，企業或者沒有覺察，或者歸咎於「工作經驗」原因。

另一方面，在同樣的機會、成本面前，資金流向取決於企業的少數決策者，而對很多這樣的決策者來說，培訓還被看作是一種成本而不是投資。

培訓也是風險投資。許多公司將精力集中在市場和生產上，不願在培訓上投資，因為有些公司在培訓上花費了大量人力物力，但培訓之後的人力流失又使企業陷於兩難境地。

投資於實物或虛擬資本（證券）有巨大的收益，也會有不可預估的風險，企業界人士對此沒有異議。那些大公司動輒成千上萬的投資於大型專案上或新產品的開發與研製，他們深知收益與風險觀念。一旦涉及到培訓，決策者們大都就不再那麼開明了。

培訓的初衷是為了實現企業的經營目標，為本企業賺取經濟利潤，而培訓後的人員流失，必然使得企業的培訓投資無法收回造成投資風險，這是很多企業的管理者所不能接受的。這種花自己的錢為他人培訓人員的「為人作嫁」，是每個企業都無法接受也不應該接受的。

問題的癥結還是在觀念上。培訓投資也和其他風險投資一樣，既然有豐厚的收益誘惑，就必然會伴隨著有承擔巨大風險的可能。只要能把培訓當作投資並能體會到其收益的甘醇，就會願意承擔其風險，企業的員工培訓才能得到有力的資金扶持和組織支援。

其實，單就企業而言，培訓後的人員流失是一種風險損失，原因在於目前尚未形成一種人力資源個體的概念。培訓的形式、內容、手段無不緊緊圍繞著企業的經營目標，其終極目的是提高員工為本企業工作的效績。如果培訓在全公司形成一種風氣，一種必經的環節，那麼在不同企業接受過培訓的員工個人都會得到整體素質的提高。這樣，某企業的培訓人員流失，對該企業而言是成本外溢，而對其他企業而言，則是資源分享。

如果每個企業都視個體培訓為自己的責任，當然，對以營收利潤為當然目標的企業而言，這是一種苛求。真正的企業家考慮到的是，要身體力行旨在提高員工效績的培訓，外溢成本是一種公共人力資源。這是一種器度，一種超然卓識，一種企業家應具備的素質，也是一種理念。

員工培訓規模收益遞增，企業規模越大，對企業各方面業務進行協調的難度也就越大。當企業規模達到一定程度後，管理的效益遞減。而對員工培訓而言，正好與此相反，培訓得越充分，對員工越具有吸引力，越能發揮人力資源的高增值性，進而為企業創造更多效益。

培訓是一種回報率極高的投資，美國布蘭卡訓練中心總裁布蘭卡曾以實例明確指出培訓的回報驚人。一家汽車公司經過對員工的一年培訓，花去培訓費二十萬美元，但當年就節省成本支出兩百萬美元，第二年又節省成本支出三百萬美元。

培訓不僅提高了員工的技能，而且提高了員工對企業文化的覺醒和對自身價值的認識，對工作目標有了更好的理解。大約九十五%的培訓參加者，經過三個月的集中培訓後，感到對於滿足顧客需求更有信心了。可見，改善人力資源為企業效益成倍增長提供了可能。

二、必須加強對公司人才的培養

從公司內部培養管理人員，對公司的長遠發展來講是一件非常重要的事情。公司的每位高層經理人和中層經理人都有培養下屬的職責。但在培養過程中我們會遇到各式各樣的問題，這些問題歸結起來，可以總結成以下四點：

(1)缺乏有潛力的下屬，同時上級沒有明確地判斷下屬能力標準。

(2)公司的管理目標不明確，所以培養下屬的目標也不明確。

(3)公司整體的人力資源規劃和配置失誤，使經過培養的下屬無用武之地。

(4)下屬學習的意願和態度不夠。

除了這些客觀原因以外，很多時候主管對培養員工的錯誤認識也會影響對下屬的培養。日本產業訓練協會在中層主管訓練的課程中，提出了對主管進行自我審查的八項內容，作為檢查主管是否能夠對下屬進行培養的參考檢查表。

這些內容是：

(1)你是否認為工作太忙，無法離開工作崗位是件很光榮的事情，這樣能表現自己能力受肯定，無人可以頂替？

(2)你是否認為主管要現身於工作現場，工作才可以順利進行，主管沒有在生產現場員工就會不知所措、毫無方向感？

(3)你是否認為沒有時間培養下屬？

(4)你是否認為培養下屬會提高他們的工作能力，同時會威脅到自身的地位？

(5)你是否認為如果不事必躬親，任何工作都不可能順利進行？

(6)你是否認為下屬如果代理你的職權，他會受到其他下屬的嫉妒，甚至會使其他下屬對管理者產生反感，認為主管偏心？

(7)你是否認為如果對某個下屬授權會造成其他下屬職權的縮減，或甚至會形成對其他下屬權利的侵犯，或者會產生失控的局面？

(8)你是否認為不需培養下屬，如果需要某方面的人才可以隨時進行應徵？

上述八個問題，如果有一個你回答「是」，則說明你有這方面的問題，克服這些問題，就可以很好的培養你的下屬。

從公司管理角度而言，我們也可以透過以下方法來加強公司人才的培養。

(1)減少管理層次。讓每位員工都有與公司最高管理層溝通的機會，這樣可以激發他們工作的熱情和上進心。

(2)訊息公開。在公司內部，訊息要向相關人員公開。之所以管理者可以進行管理決策，是因為他們掌握了相關的訊息，如果這些訊息對下屬也是公開的，能培養和提高他們解決問題的能力。

(3)讓下屬直接與上司接觸。當上級與下屬進行溝通，或向下屬安排工作，應讓下屬直接與上司接觸。這樣可以為下屬提供培養自我判斷能力與自信的機會。

(4)信任下屬。可以放心的讓下屬去做一些事情，這樣可以培養他們的責任心，並能產生成就感。

(5)讓下屬去管理。可以把一些不太重要的管理工作交給下屬去做，以培養下屬的管理能力和指導能力。

最重要的是，管理者在培養下屬時，要經常保持著「善意、氣魄及努力」的寬廣心胸，並展現在各種指導活動中，這是管理者日常管理中的重要環節。

有時，經理人必須將最具挑戰性的工作留給自己。例如，大部分的員工是新手，尚未受到嚴格的培訓，同時這份工作的時間要求很緊迫。此時，你就應將最具挑戰性的工作留給自己。又如，每個能做這項極富挑戰性工作的員工正忙於自己具有挑戰性的工作。此時，你也應做這份工作。然而，在大多數情況下，你應避免這樣做。如果員工正忙於事務性的工作，則你可以接手這些事務性的工作，讓他們有機會做更富挑戰性的工作。

大多數經理人明白，應將大部分的工作分配給手下去做，如果不這樣工作就無法完成。但是經理人之所以被提拔，就是因為他是某一工作領域裡的專家，因而會導致一種傾向是不願分工，事必躬親。

然而在只有依靠分工才能完成工作的情況下，就轉變成不願將最具挑戰性、最有意思的這部分工作分配下去。他們認為之所以將這部工作留在自己手中，是因為自己最擅長於這一工作，或者認為不應拿分工去冒險。但實際上是因為喜歡做這類工作，它是有意思的。然而，將最具挑戰性的工作留給自己是不正確的。經理的工作是在員工中對所有的工作進行分配。否則就會使經理人陷入與手下的競爭之中。

無論何時何地，經理人都不可以和自己所管理的人員發生競爭。員工們對此會十分不滿，會認為經理人是在和他們對立。同時，把真正有挑戰的工作留在自己手中，意味著你拒絕讓他們學習新技能的機會。你需要的是非常能幹，非常有上進心的手下，希望他們能不斷學習。但如果沒有機會做一項與以前不同的、更加困難、更具挑戰性的工作，就無法提高員工的技能。他們會降低進取心，會聽天由命，成為一個合格的「平庸」工作人員。而真正出色的員工則會尋求到其他地方工作的機會。

管理工作與技術工作是完全不同的兩碼事。你希望員工能獨立工作，但同時也需要對新人進行培訓，並幫助遇到問題的員工。如果你正埋頭做一個專案，又怎麼來做這些工作呢？可見，當你應履行管理職能時都可能為技術性工作所牽絆。趕快讓所有的員工，包括剛剛加入這一群體的新人明白，你希望他們達到能獨立完成最艱鉅的工作。

必須給員工創造一個相互信任的學習環境，同時鼓勵較差的員工彌補不足並給予機會，這是很重要的。

三、讓最優秀的人才成為企業的棟梁

最優秀的人才就是企業中的中堅。高級管理者不能獨立特行，應該讓這些人才成為企業的棟梁。

☑找出真正優秀的特殊人士

曾刊登一則徵人廣告為「徵求愛做夢的男性、如蚊子一般吵鬧的男性、特殊人士」。這個廣告不僅獨特，而且確切地表現出企業求才的要件。如果以比較易懂的說法來解釋這三個要素，那就是：徵求具有遠大夢想、自我堅持，不畏懼自己成為少數派的人。

大多數人應該都明白組織中不可缺少這樣的人才，但實際上他們真心期待這樣的人出現嗎？恐怕未必。理由有下面兩點：

第一，這樣的特殊人極可能動搖組織。在這個變化迅速的時代，「動搖組織者」或許可說是不可缺少的。但是對於那種只求安定平穩的「無事主義者」來說，這種「惹事生非之人」就等於是不速之客，專門破壞安穩氣氛。大抵而言，那種以公務員方式處理事務的公司，往往相當排斥企圖徹底革新、幹勁十足的人。

第二點是屬於特殊人士本身的問題。雖然說起來都是一樣的特殊人士，但其中有真正具備先見之明及改革能力者，也混雜有單純只是個「反對者」的人。

就字典的解釋來看，所謂特殊人士是指背離時代正統或主流的人。有些特殊人士還是潛藏有屬於正統的力量，不過也有那種跟不上多數的人的腳步，遭人排擠的問題的人物。這兩者間的差別是不必贅言的，而遺憾的是，實際上以後者的情況居多。

環視一下自己的工作場所，相信你也能同意這看法。那種別人說東，他就說西，經常擺出一副吊兒郎當姿態的人，表面上看似提出了相當奇特的想法，實際上不過是故意亂攪他人的意見，這種喜歡隨意發表評論的人往往是光說不練的。所有在公司中願意特立獨行的人，有八九成都不過是這樣的「反對者」。雖說公司中不可欠缺特殊人士，但更重要的是要去找出真正的特殊人士。

☑把「特殊」轉化成實用的「新點子」

真正的特殊人士並不會故意裝出一副非主流的樣子，也不會將自己與他人做比較後感到優越，志得意滿，更不會對批評他人充滿了興趣。就個人經驗來看，特殊人士並不取決於此人為主流或是非主流，個性淡泊的人，有不少都是特殊人士。

優秀的特殊人士必須兼具以下三點要素：

(1)不受多數意見影響的先見之明。

(2)不帶主觀的想像力與創意。

(3)實際驗證自己意見是否正確的行動力。

就(1)來看，比方說：「本公司的生產方式不合乎市場要求，必然要失敗。」這樣的論調具備先見之明；而(2)的涵義則是以不受限於過去思考模式的創意，來構想變化之道；至於(3)，則是指具有親身實踐新方法的衝勁與行動力的特質。

換句話說，他們多半只是因為不以過去的思考模式來發揮創意，最後才變成特殊，這和所謂「反對者」是全然不同的。故意裝出特立獨行姿態的「反對者」往往只具備(1)的條件，卻不具備(3)的行動力。富士軟片公司曾開發出一款極為暢銷的照相機，在這以高技術競爭的軟片業界中，富士提出了：「照相機能照、便宜就好了。」這種破天荒的奇特想法正是一種弊端概念。可是，能創造新的契機的創意往往都超出現有的常識，而凡是超出現有常識的偏見多半被視為「不合常理」，遭到多數派的批評，許多創意因此而被一笑置之。

這個照相機的點子據說也曾被擱置多年，最後完全是憑著提出此創意者的堅強毅力與熱誠，這項產品才終於問世。隨著此產品的暢銷熱賣，這個本屬特殊的點子就不再是個特殊，學習仿效者如雨後春筍般出現，市場就是這麼一回事。

想要從經理人或前輩中找出「優秀的特殊人士」，必須不受公司內部主觀意識的迷惑，並且多找機會與他人談話，因為未必所有「優秀的特殊人士」的潛在能力都能順利地被發掘出來，懷才不遇的人也不在少數。

☑要善於鼓舞人

就算是優秀的特殊人士，也常常在公司中遭受冷淡的待遇，這大多數都是因為他們缺乏說服力、交涉力與行動力所造成的致命性傷害。有些人因對自己的觀點過度自信，變得凡事都要插嘴，完全不聽他人所言，雖然擁有絕佳的創意，不知如何傳達給他人，更有些人缺乏親身實踐的活力。如果能避開上述幾點待人處世上的缺點，將可成為扶持公司、帶動他人的領導者。

經理在待人上的要求，在此提出最重要的三點：

(1)不論對方所言多麼愚蠢，也要認真傾聽。所有特殊的想法，都會因評論者觀點的不同而被評為「空前絕後的創意」或是「無稽之談」。雖然實際上是以後者居多，但是如果一開始便抱著這樣的態度，將會錯過空前絕後的意見，所以無論是看似多麼古怪、多麼愚蠢的意見，經理人都更應該誠心認真傾聽才是。

就算部屬說的根本是一派胡言，但為了不使他將來不敢再冒險提案，經理人還是要耐住性子聽他把話說完。

(2)能欣賞與自己不同之人。人對於符合自己所喜好之人，往往都會給予極高的評價，這或許可說是自戀的另一種表現吧，但也正因如此，身為經理人最應避免這樣的傾向。我們只要常想：「像我們這種類型的人，只要自己一個就夠了」，就可以避免這種傾向了。

以棒球為例，即使球隊裡需要左投選手，但是將全部的投手都換成左投卻未必會贏。一個球隊不僅需要有實力的右投選手或左投選手，也要有獨特技巧的球員，公司也是同樣的道理，和自己愈是不同類型或是想法與自己完全相反的人，愈要以欣賞的眼光去評價，這樣才算是有肚量的經理人。

(3)能使他人心情愉快。以不同於他人的經營方式深受矚目的未來工業董事長山田昭男先生的策略方針是：「我的工作是使員工心情愉快，並使他們感動。」要賣什麼？要怎麼做？要如何銷售？這應該讓員工來傷腦筋就好，經理人只要具有感動員工和顧客的策略性智慧就可以了。

不論是認真傾聽，還是以欣賞的眼光看待與自己不同的人，結果都是要能讓部屬心情愉快，使其甘願與自己並肩作戰。簡單地說，不能鼓舞他人就不能算是個夠資格的經理人了。

第二節 制定合理的培訓計劃

一、確定培訓人員計劃

雖然人人都可以被培訓，所有員工都需要培訓，而且大部分人都可以從培訓中獲得收益，但由於公司組織的資源有限，不可能提供足夠的資金、人力、時間作漫無邊際的培訓。因此，所有員工不一定都要培訓到同一個層次或同等程度，或安排在同一時間培訓，必須有指導性地確定單位急需人才培訓計劃，根據公司目標的需求挑選被培訓人員。一般而言，公司內有三種人員需要培訓：

第一種是可以改進目前工作的人，目的是使他們能更加熟悉自己的工作和技術。

第二種是那些有能力而且公司要求他們掌握另一門技術的人，並考慮在培訓後，安排他們到更重要、更複雜的位置上。

第三種是有潛力的人，期望他們掌握各種不同的管理知識和技能，或更複雜的技術，目的是讓他們進入更高層次的職位。

總之，培訓物件是根據個人情況、當時的技術、公司需要而制定的。西方一般將職員的技能分成三種，即技術、人際關係和解決問題的培訓，許多培訓計劃都是針對員工技能中的一種或多種而進行的。

所謂技術技能的培訓，就是透過培訓提高員工的技術能力。不論是管理人員，還是普通員工，都要進行技術技能的培訓。如隨著電腦進入辦公室、家庭，員工與管理人員都必須接受電腦的操作培訓，以適應辦公室自動化、訊息國際化的要求。日本公司就強調有系統的再培訓，來自一個領域的工程師在進入另一領域時，必須接受新領域的培訓。

所謂人際關係能力，就是透過培訓提高人際之間的合作交往能力。幾乎所有員工都是某個工作單位的一員，每個人的工作績效多多少少都依賴同事間的通力合作。這就需要學會理解，學會人際之間的溝通，減少彼此間的衝突。日本公司就非常強調培訓，使員工之間建立合作精神以及以公司為家的集體主義精神。

所謂解決問題的能力，就是透過培訓，提高發現和解決工作中出現的實際問題的能力。這種培訓計劃可包括加強邏輯推理能力，找出問題，探討因果關係，以及挑選最佳解決問題的辦法等技能。

日本公司也很強調透過培訓，使公司每一位職員都提高解決問題以及創新的能力，許多公司有自己的技術學院用以開發員工的創造力。公司所有員工，上至高級管理者，下至普通技工，一直把接受培訓作為工作的一部分。

日本公司的員工不僅接受本職培訓，而且接受同級職務的一切職位培訓，甚至首席長官也必須接受各個方面的培訓，以提高解決問題的能力。各個單位各個組織必須建立長、中、短期培訓計劃，確定今後需要哪一方面的人才。人力資源管理部門將各單位、組織的計劃彙總，然後進行分析、考證，評估應徵所需人才的可能性和可行性，並根據組織的現有能力計劃培訓項目，以彌補應徵的不足。因此，培訓計劃應與整個組織的總計劃總目標相一致。

決定公司內哪些人需要進行培訓，可以透過以下幾種方法進行：

(1)個別面談。

(2)問卷調查。

(3)分析個人的一貫工作表現和績效情況。

(4)管理的需求。

(5)觀察員工工作時的行為表現。

(6)工作的分析與崗位職責的分析。

(7)考評結果。

(8)外界諮詢。

(9)組織發展合作會議。

(10)評估中心。

公司要根據需要、現有資源、與培訓人員的具體情況考慮培訓專案計劃。當選擇培訓人員時必須考慮兩個問題：

(1)這樣的培訓是否能幫助公司受益？

(2)這樣的培訓是否能幫助員工提高素質，發展技能，使其成為公司有用的人才？

透過建立培訓系統，管理者確定培訓計劃，為員工提供一個生涯發展的機會，其好處是：

(1)確保獲得公司所需要的人才。生涯發展的機會不但和人力資源規劃有一致性，而且也是人力資源規劃的自然擴充。在人力資源的規劃過程中，提出公司未來需要哪些人力資源，而生涯發展機會則儘量使員工的需求和抱負能跟公司的需求結合起來，因此，未來所需人才必須按公司需求進行培訓。

(2)增加公司的吸引力以留住人才。一個公司真正優秀的人才並不是很多，因此，優秀人才成為各公司爭相挖角的對象。這樣的人才比較喜歡能關心他們並考慮他們未來的公司，如果對他們的生涯發展有所考慮的話，他們對公司的忠誠和信賴度就高。

(3)減少員工的挫折感。員工受的教育越多，他們對工作的抱負也就越高。但任何公司都不可能滿足所有員工的需求，在理想和現實不一致時會導致挫折感。因此，透過心理諮詢和培訓，可以使員工增強信心。

二、培訓的基本方法

培訓的方法要根據培訓的人數、培訓的專業及單位現有的師資、設備、資源等方面的情況而定。培訓計劃可以採取上班外的時間學習，也可以採取在職培訓或停職培訓，甚至可以安排職員專門系統地學習，獲得高一級的學位。培訓專案也應因各類人員的不同情況和專業要求而定，如管理人員、技術人員、辦公室行政人員、工廠或其他生產線上的人員等等，應該採取不同的培訓方法和內容，下面列舉一些主要的培訓方法。

☑新員工的培訓

在新員工到公司報到後，必須進行公司職前教育，在西方國家稱這種教育為「引導」（orientation），即對新員工的工作和公司情況作正式的介紹，讓他們瞭解熟悉公司的歷史、現狀、未來發展計劃，他們的工作、工作部門以及整個公司的環境，公司的規章制度、工作的職位職責、工作操作程式，公司文化、績效評估制度和獎懲制度，並讓他們認識將一起工作的同事，等等。此外，培訓還要建立師徒制度，使新員工更快地熟悉環境，瞭解工作操作過程和技術，讓他們知道，如果碰到困難和問題，應該透過什麼管道來解決。

許多公司，特別是那些規模大的跨國企業，都有正式的教育引導活動和培訓。日本不論是政府部門還是工廠、公司，每年招募新員工時都有這類培訓。由總經理和人力資源管理部門對新員工進行職前教育引導，讓他們瞭解公司文化，介紹部門的情況，參觀公司的主要設施，認識工作同伴等等。成功的職前教育引導不論是正式的或非正式的，其目的是讓新職員能儘快從狀況外順利地成為公司的一員，讓他們輕鬆愉快的進入工作崗位。

☑在職培訓

最常見的在職培訓有兩種，即工作輪調和見習。工作輪調是指將某職員安排到另一個新的工作崗位，橫向調整工作，目的在於讓職員學習各種工作技術，使他們對於各種工作之間的依存性和整個公司的狀況有更深刻的瞭解。見習是新進員工向資深的員工學習的一種培訓方法，透過資深員工的指導和示範及新進員工的觀摩、實際操作來學習新的技術和技能。

現在還有一種在職培訓是帶員工到學校或其他公司學習。尤其是管理人才的在職培訓，一般採取這類方法。我們知道，現代社會中管理顯得越來越重要。世界上先進的國家把科學、技術、管理稱為現代化社會鼎足而立的三大支柱。生產力包括勞動者、勞動方式、勞動對象三個物質要素，也包括科學、技術、管理三個非物質要素。非物質要素中的科學和技術必須物化在三個物質要素中，才能成為現實的生產力。管理與科學、技術不同，它不是物化在三個物質要素中，而是透過它把三個物質要素合理、有效、科學地組織起來。如果管理能力高，組織得好，則可能取得事半功倍的經濟效益；如果管理能力低，組織得不好，則可能使三個物質要素力量抵消，造成經濟效益低落，甚至導致零效益。可見，三個物質要素必須藉助於管理組織，才能成為有效的社會生產力。世界上各先進的國家都十分重視管理人才的在職培訓工作，進而不斷提高企業、公司的生產效益。

☑停職培訓

停職培訓的方法是讓職員離開工作崗位到大學或其他單位學習一段時間，一般在半年、一年或更長時間內。美國出現了不少企業自己辦的大學，如ＩＢＭ公司於一九八五年在紐約州桑伍德市開設的「企業技術學院」，就是為企業培訓人員提供的。其目的是提供專門的科技教育課程，可以授予學位。停職培訓的方法可包括課堂教學、影視教學或模擬教學等。課堂教學特別適合於傳授專門知識給員工，可以有效地提高員工技術和解決問題的能力；影視教學適用於示範技術；模擬教學可以幫助提高員工協調人際關係和解決問題的能力，可以採取案例分析、角色扮演等進行。複雜的電腦應用模式也屬於類比教學的一種。國外的實習培訓和輔導培訓也屬於模擬教學。這種培訓是讓員工在與實際工作完全相似的場所舉行培訓，學習日後工作所需的知識和經驗。美國許多大型連鎖店總公司就以一種模擬營業場所的實驗室教授其收銀員如何操作電腦、收銀機，學習如何接待顧客等等。

☑支付學費的培訓

這種培訓方法是鼓勵員工利用上班以外的時間到附近的大學去進修。經過公司同意，員工可結合現職工作去繼續深造學習，但只對那些取得合格成績的人支付學費。

三、進行跨部門的交叉培訓

一位公司的經理人講到，如果你有正式員工，可是全部工作只要半年時間就夠了，你如何處理呢？我們對蒸汽閥門的測試就是這麼個狀況。

作為我們一項服務措施，我們定期地對顧客的閥門進行檢查。閥門有些是我們安裝的，有些則是我們的競爭對手安裝的。不管怎樣，要絕對保證它們能有效地運轉。如果出現問題，我們就通知顧客進行更換。問題是測試只能在冬天進行，因為這時天氣冷，工廠裡需要使用暖氣。所以我們在冬天極為繁忙，可到了夏天卻無事可做。令我們感到驕傲的是我們沒有解僱員工，這使我們不會在旺季找人，到了淡季又把人辭退。

一九八二年，我們找到了一個解決問題的辦法，準備訓練生產部門和辦公室的人員測試閥門。培訓課上，我們講解閥門的工作方式，告訴他們測試時如何去做，怎麼使用測試儀器。除此以外，還教他們與顧客接觸的禮儀。

這種跨部門交叉培訓的效果非常好，我們後來把它推廣到全公司。比如，閥門工廠的接待員瑪莉，因為接受過訓練，對於推銷員的工作也能勝任。有一次，她的部門想盡辦法也沒完成的銷售指標，她卻只用了兩個星期的時間就銷售了三・五萬美元的鍋爐活塞。

為了適應競爭需要，管理上必須有彈性。跨部門的交叉培訓就提供了這樣一種彈性。跨部門培訓不一定是指讓會操作某一台機器的人再去學會操作另一台。它可能是讓一位秘書去做銷售，也可能是讓一位會計外出進行測試。這種彈性能降低成本，並增加我們的競爭能力。

對於那些整日埋頭於辦公桌和機器後面的人來說，有什麼比讓他們到客戶那裡去更好？他們會很快懂得如何去為顧客服務。總聽到有人羨慕別人的工作。我們可以讓辦公室和工廠裡的員工出去東跑西跑，尤其讓他們與海外客戶聯繫，他們會發現自己原來的工作並不太壞。那種每晚都有應酬，長期住宿旅館，甚至坐二十二小時飛機的長途旅行的生活，實在是沒什麼好令人羨慕的。

四、充分利用新的技術，培訓專業人才

傳統觀點中對發揮專業訓練作用的認識是不夠的，似乎飛行員一轉眼就完成了飛行，廚師瞬間便能烹調出佳餚，研究者總有不同的實驗要做，醫生在一段時間內只能診治一個病人。在這種情況下加入專業訓練只會增加成本。在過去，當監控、支持專業人士的機制增長快于專業人士本身的增長時，往往會帶來不經濟的效果。學校、醫院、研究所、會計事務所及諮詢公司似乎都得為此付出代價。

多年來，許多公司對充分發揮專業人士的作用只採用兩種方法：以比他們同行更多的訓練和工作時間來強化專業人士能力，或是增加為專業人士服務的「助手」。後一種做法已在法律、會計和諮詢行業中被廣泛接受。但是新技術及管理方法更日益改善著傳統的專業人士管理經濟學。不論是美林證券還是安達信全球公司都找到了連接新的軟體工具、激勵機制和組織設計的有效方法，以便能夠在更大程度上影響到專業人才。儘管各個組織因其所處行業不同有各自不同的解決辦法，但仍存在於內在共同適用的原理。

☑充分利用訊息技術，加強專業人才解決問題的能力

許多金融機構，如美林證券和州立街道銀行的人才管理中心，是藉助各種專家以及能夠搜集與分析和投資決策有關資料的系統軟體。

一些在總部工作的專家透過與其他專家的緊密聯繫及交易資料，發揮其出色的分析技能。電腦軟體和資料資料庫幫助這些專業人士才能的發揮，使他們能夠迅速分析市場、證券及經濟走向，否則，他們將一事無成。

軟體系統將投資計劃導向傳達給各個經紀人，由他們制定滿足客戶需求的諮詢方案。如果人們將這種組織看成是在各個不同點上與客戶相聯繫的中心，那麼這種影響便應該與知識的價值相等。如果這一中心具有鼓勵人們去知道為什麼和關心為什麼的機制，那麼將會創造更高的價值。

訊息技術使得現代經紀人既有效率又有靈活度，在總部中心它能獲得所有有利訊息及大企業才有的規模經濟。而當地的經紀人有權掌管自己的小單位並獨立核算，好向他們獨立提供服務。他們的報酬體系也與當地的企業家一致。而中心只作為訊息源、系統協調者或疑難問題解答者發揮作用。實際工作人員僅僅是從中心獲取訊息以提高業績，而不是尋求指令或特別指導。同時，中心可以從品質和一致性考慮對當地的操

作進行電子監控。

多數操作規則已編入系統程式中，並可透過電腦自動變化更新。電子系統替代了人工控制程式。他們還能減少很多繁瑣的工作程式，讓員工從事更有技巧的工作，並使他們的工作更分散、更具挑戰性和更有意義。

☑促進資訊共用，提高員工的辦事能力

與有形物質資產不同，人力資本是在使用中獲得增值，所以資訊共用十分重要。在正確的引導下，知識和才智能夠共用時能夠使指數增長，所有的學習和經驗曲線都具有這一特點。基本的對話理論認為，當訊息可以擴展性交流時，其網路的潛在收益上便會增長。這種增長是如何發生的並不難理解。如果兩個人相互交流知識，那麼彼此的訊息和經驗都會增加。而若這兩人再與他人交流知識，每人都有問題回應，並改進訊息，那麼大家的收益都會增長。

從外界獲取訊息的公司——特別是客戶、供應商、或是高級設計和軟體公司等專業人士處獲取訊息，能夠獲取更大的收益。如何有意識地開發這一增長機制是十分深奧的。一旦某一公司具有了知識競爭優勢，那麼它將很容易保持自己的優勢地位，而其他公司將很難趕上它。

在工作實踐中培養人才

一、創造出理想的環境來鼓勵員工發展

(1)讓發展的員工得到回報——有的公司中，只有很少的資源可用於教育和職業發展，並且，監督者也不在討論績效和做職業計劃上花很多時間。但在另外一些大公司中，這些行為就被給予了可觀的重視。

要產生一個鼓勵集中又不會過分控制的職業發展過程，整個公司的經理都必須分享相同的信念，員工發展是重要的，並且是會得到回報的。這個分享的信念必須由公司的領導者清晰地表達出來。他們必須用他們與自身下屬的關係，來提供一個有效的職業發展的範例，並且，他們必須明確地、可以讓別人看得見地獎勵那些在員工的發展上成績顯著的經理們。

(2)引導員工朝公司策略要求的方向發展——為了保證員工的發展成功地與公司的策略相符合，非常必要的是，公司鼓勵員工不僅要發展，而且要朝公司策略要求的方向發展。在未來的五年中，技術性的技巧相對於一般性的管理技巧而言會不會變得不是那麼有價值了呢？公司在未來的時間裡會不會把更多的重點放在與人交往和經理的行為技巧之上？有可能需要更激進的銷售力量嗎？競爭是不是暗示著低的成本、效率和生產率？不僅是組織有必要回答這些問題，這些答案還必須與員工交流。只有透過交流，員工才可能對什麼技巧在未來是有價值的、在發展這些技巧時什麼樣的經歷被認為是重要的。

要把這件事做好，公司必須在既定的經營策略下，擬定它們估計會在未來存在的職業和所需技巧類型的規劃。未來的競爭優勢是透過生產、銷售，還是透過技術工作來達到？什麼樣的技巧的混合有可能在配合公司的策略和文化上是有價值的？同樣重要的是，在過去對於集中管理或是技術管理來說，職業道路是怎樣的？對未來增長的估計從來不會是完全精確的，但是員工應該被鼓勵去思考不同領域成功的人們都遵循了什麼樣的道路，以及這些道路在未來可能如何變化。訊息可以透過刊物、培訓科目和視聽來傳播。

(3)儘可能為員工提供晉升的機會——公司為其員工提供的職業規劃對員工發展的程度和性質都有重要的影響。一個界定職業道路的方法是，看它們是鼓勵功能性的或是技術性的專長，還是鼓勵交叉職能的可變通性。對那些不能很好地適應競爭壓力的公司調查，顯示這些公司幾乎沒有發展出可以做總經理、產品經理或是項目經理的通才。每個人從職場的基層開始，只注重部門內的晉升，這使他們只侷限在某方面的眼界之中。必須要適應新的競爭需求的策略強調可能建議，把重點放在交叉職能的可變通性上，以打破職場部門之間的侷限，發展出能理解其他部門觀點的個人，並且發展出致力於解決經營問題的員工。重要的是，公司必須做出交叉職能或是個人的可變通性的政策選擇，該選擇應與考慮了公司方向的其他策略選擇一致。

傳統上，藍領員工、白領辦公人員和技術員工沒有很多機會獲得更有挑戰性的職位。由於被其位置鎖定，他們對職位的熱情和學習、成長的能力都下降了。為此，一些公司試圖透過職位輪調或工作豐富化來刺激成長和投入。另外一些則設計出基於技巧的支付體系，根據學習和發展來付報酬。我們在今後的章節中會探討這些案例。

公司也應該考慮它們為藍領員工、白領辦公人員和技術員工提供的向上晉升的機會。在許多公司中，已經形成了兩極的社會，這降低了合作和對共同目標的投入。消除晉升的人為的障礙，如對大學學歷的要求，是增加員工能力和投入的一個方法。其他增加公司人力資本的方法有：提供教育和培訓，以及提供使基層員工得到加入管理階層所需的知識、態度和行為的工作經歷。

(4)職業權威和控制——靠三個主要的方法，公司可以為其員工提供對其自身職業道路的控制。

第一，公司可以發展出一個人事發展專家組織，員工可以直接到那裡去討論自己的職業目標，接受關於現實的職業道路可能性的訊息。這些專家會幫助經理去尋找填補職位空缺的代表，他們知道有什麼機會。如果一個員工的老闆無效率或是控制得厲害，這些專家會為員工的職業發展管理提供一條可供選擇的道路。但是，這些專家也為公司服務，這就意味著在人事交易中，他們同時代表員工和公司，因而扮演著困難的角色。

第二，員工可以被要求填寫一張技能和職位偏好一覽表，在尋求職位中，該表可以被用來作為參考。

第三，職位需求的公告使員工能在公司內部的某些職位空缺時申請它們。越來越多的公司在使用這種方法，試圖給予員工對其自身職業生涯更多直接的控制。要求員工對職位公告做出反應，並且，當作他們是外來的求職者一樣被考慮。

在提交給應徵的經理一份可能的人員名單之前，人事部門會對求職者做一個初選。應徵的經理面試求職者，決定誰會被錄用，並且對成功和不成功的求職者都給予回覆。職位公告被廣泛地採用，尤其是在基層的職位上，因為它似乎解決了控制的難題。

然而，職位公告並不能保證公平。在有的情況下，監督者在做公告之前就決定了要聘用誰了，這就使面試流於形式。進一步地，初選的過程會被偏見所影響。最後，除非公司願意對員工解釋為什麼他們被拒絕了，該體系可能只是簡單地點燃他們的希望然後又撲滅希望。雖然有它的缺點，職位公告還是能給個人對其職業生涯一定的規劃，當然，這首先要求公司是開放的，並且願意給監督者正確培訓的方式在該方法上投資。

這三種管理內部流動的方法並不是互相排斥的。他們一起給員工提供了對職業實施更多控制的機會；但是，直到公司能改變其經理考慮員工對其自身職業控制的影響時的態度，那種控制才會被感覺到。

三、要培養敢於「越權行事」的勇氣

在必要的時候可以越權行事，自己擔負責任。所以使用實際執行中需要的權力是應該的，這是所有能人的共同認識。不要相信「沒有權力就無法工作」的謬論。需要當機立斷採取積極行動時，就要勇於負起許可權之外的責任。

高橋達男是高考澤電機總公司的總經理。他曾經擔任過電會社關東電信局副局長，茨城縣是他的管轄區。

這個縣裡的電信局需要吉普車，以適應鹿兒島臨港地帶的特殊交通環境。總公司雖然掌握著各種汽車的規格說明書，但不包括吉普車，其預算是電信局擁有的。

電信局長雖然徵得高橋副局長的許可而取得預算，但總公司卻說要有規格說明書，因此要等一年。由於採購由總公司採購處負責，所以需要再等一個月，雖然四處走動拜託是解決問題的一種好辦法，但大家總希望能找到另一種取得時效性的辦法。

最後高橋先生竟然做出決定：「三天之內將吉普車撥給電話局，責任我負。」高橋先生是個能人，他的做法與一般人不同。對於一般的人，如果許可權操縱在上級手中，就只能消極等待，遵守繁雜的手續，他們會感到不這樣做就沒法買到想買的東西，做想做的事情。

高橋先生也無權決定吉普車一事，但吉普車是急需之物，對實現公司的目標是有很大說明的。所以高橋做出了超越許可權的處置，沒有因為無權而消極等待。

「因為無權所以無法做」，這是很多對公司制度心存不滿的人的話。其實是真的無法做嗎？不是的，倒是他們是群「無能」之輩。任何企業都會有能人，他們在工作過程中並不被書面上規定的許可權所左右。有時為達到自己的目標，不但充分利用他們自己的許可權，甚至敢於越權行事。

他們經常往總經理室或處長室跑，不厭其煩地同上司說明其必要性，一旦取得「那麼讓你做做看」的批示，便會積極果斷地行動，最終登上成功之路。自然會有人忌妒，流言也會不少。但他們成功了，證明瞭自己的實力。對於有必要突破的許可權，無論如何都要加以利用，以爭取最終的成果，在企業中培養這種風氣是有重要意義的，要使那些缺少活力的人也持有這種想法。

如果最高層的觀念與制度、手續仍然守舊不化，即使鼓勵下屬去越權也不會有人理會，因此企業本身的做法也要改變。需要強調的是，行使權力時不要妨礙他人，事前進行工作調整有利於避免這種情況。

三、把握授權的原則

☑把管理者和監督的職責劃分清楚

從表面形式上看，用人是上級對下級的一種權力運用。但是如果簡單地這樣理解，那就錯了，因為用人不是權力專制的表現，而是權力調控的表現。

權力是一種管理力量，權力的運用則是有方法的，而不能是企業領導人的慾望及自我膨脹。因此一個高明的領導或上司，首先要明白這一點：自己不是工作，也不是專制，而是管理。也就是說，上司不是監督，因為監督即是專權的化身。

把自己當做監督，往往大權獨攬，把所有的下屬都看成是為自己服務，這樣的上司，永遠成不了好領導人，或者說，監督式的管理已經與現代企業「以人為本」的思想相去甚遠。也許監督式的管理一時有用，但不可能時時有用，牢記這一點，會對企業領導的用人方式帶來益處，至少不會遭致下屬的心理抗拒，容易使雙方形成平等、融洽的人際關係，進而創造一種良好的工作氣氛。

儘管知道某下屬的能力較高，可以授權他做更多事項，但是不能從已經接手進行工作的下屬手中，把事項移交到前者身上，除非經理認為後者已無能力將事情辦好，但是要有證據顯示，方能服人，以免出力不討好，影響兩者的工作情緒。由計劃、開會以至刊物進行一項工作，經理當然有責任和權力去參與。然而，過分的干擾，會造成下屬的依賴心，無法突出個人表現。

經理人給與下屬過多的輔導，不能使下屬獨立處理整件工作，對下屬本身及經理人，均會造成長遠的損害。在下屬方面，未有適當的磨練，埋沒了潛能和才華。在經理方面而言，工作量太大，精神和體力均感疲乏；況且以一個人的能力，沒有集思廣益，終會比其他同行落後。

不管什麼時候，與下屬一起研究工作，指派某些下屬以後，就放心讓他去處理。在適當的時候，詢問下屬一些問題，防止他偏離目標，但不等於干擾。例如問他是否要協助、工作進度如何、是否遇到困難等。

經理主觀的判斷會影響下屬的工作情緒，使他們不敢放手去做。因此，經理應站在客觀的立場，看下屬的工作進度。「我認為這樣不好」的說話，改為「你認為這樣會較好嗎？為什麼？」下屬聽起來較易接受，以及幫助他更瞭解工作，方便工作的進行。

「放些權力下去，才能收得人心上來」，其實這是一個很簡單的道理，也是一種等價的交換。對一個企業的領導者而言，徹底改變監督身分有時候並不是簡單說說而已，這種觀念的轉變要靠自己的實際工作來展現，真正做到由專權而放權的角色轉換，切忌誤以為專權就是大權，放權就是失權；相反的，放權能夠贏得下屬的誠信，會使下屬更加尊重你的權力，讓你的權力從本質上更有效應，而專權只能迫使下屬表面服從，卻贏得不了人心。

現代企業主張「把監督趕出權力層」的說法，就是對專權與放權關係的精闢概括。每一位有志於企業管理的經理，應當切記這種說法的意義。

☑授權要遵循一定的原則

高級管理者在放權上要有智慧術。授權即放權。從領導科學的角度來說，授權是一種用人策略，能夠使權力下移，而使每位下屬感到自己是分擔權力的主體，這樣就會在權力的支配下形成更為有效的凝聚作用和責任感。

經理授權給下屬員工，既不是推卸責任或好逸惡勞，也不是強人所難。授權往往要遵循一般性的原則，切勿無限制的授權（或者稱之為無度授權）。

☑慎防授權的無原則性

(1)授權要擺脫無原則性。因為首先，授權要以公司的目標為依據，分派職責和委任權力時都應圍繞著公司的目標來進行，只有為實現公司目標所需的工作才能設立相應的職權。其次，授權本身要展現明確的目標，分派職責時要同時明確下屬需做的工作是什麼，達到的目標和標準是什麼，對於達到目標的工作應如何獎勵等。只有目標明確的授權，才能使下屬明確自己所承擔的責任。

(2)要做到權責相應。下屬履行其職責，必須要有相應的權力。責大於權，不利於激發下屬的工作熱情，即便處理職責範圍內的問題也需不斷請示上級，這勢必造成下屬的壓抑。權大於責，又可能會使下屬不恰當地濫用權力，這就會增加管理和控制的難度。

(3)授權範圍應正確。一個企業會有多個部門，各部門都有其相應的權利和義務，上層授權時切勿交叉委任權力，這樣會導致部門間的相互干涉，甚至會造成內耗形成不必要的浪費。

☑慎防授權的方法混雜

領導者授權除遵守一般原則外，還要掌握授權的方法，不同的方法會產生不同的效果。一般地，授權的方法主要有以下幾種：

(1)充分授權。充分授權是指領導者在向其下屬分派職責的同時，並不明確賦予下屬這樣的具體能力，而是讓下屬在管理者權力許可的範圍內自由發揮其主動性，自己擬定履行職責的行動方案，這樣的授權方式雖然沒有具體授權，但它幾乎等於將領導權力大部分下放給其下屬。

因此，充分授權方式最顯著優點是能使下屬在履行職責的工作中，實現自我，得到較大的滿足，並能充分發揮下屬的主動性和創造性。對於領導者而言，也能大大減少許多不必要的工作量。但這種形式，要求授權對象有較強的責任心，業務能力也應較強。

(2)不充分授權。不充分授權是指領導者向其下屬分派職責同時，賦予其部分許可權。不充分授權又可以分為幾種具體情況，讓下屬瞭解情況後，由領導者做最後的決定，讓下屬提出所有可能的行動方案，由領導者最後抉擇，讓下屬擬出詳細的行動計劃，由領導者審批，讓下屬採取行動前及時報告領導者，下屬採取行動後，將行動的後果報告領導者。

不充分授權的形式比較常見，這種授權比較靈活，可因人、因事而異，採取不同的具體方式，但它要求上下級之間必須確定所採取的具體授權方式。

(3)要能彈性授權。這是綜合使用充分授權和不充分授權兩種形式而成的一種混合的授權方式。它一般是根據工作的內容將下屬履行職責的過程劃分為若干個階段，在不同的階段採取不同的授權方式。這反映了一種動態授權的過程，這種授權形式，有較強的適應性。當工作條件、內容等發生了變化，領導者可及時調整授權方式以利於工作的順利進行。但使用這一方式，要求上下雙方要及時協調，加強聯繫。

第四、掌握制約授權。這種授權形式是指領導者將職責和權力同時指派和委任給不同的幾個下屬，以形成下屬之間相互制約地履行他們的職責，就如制度上的相互牽制原則。這種授權形式只適用於那些性質重要、容易出現疏漏的工作。如果過多地採取制約授權，則會抑制下屬的積極性，不利於提高管理工作的效率。

☑慎防授權的程式錯亂

一個企業即便人員不多，老闆應瞭解全部員工的全盤行動，授權也萬事皆休，否則，授權的結果只會帶來負面效應，在實際工作中，有效的授權往往要依下列程式進行。

(1)認真選擇授權對象。選擇授權對象主要包括兩個方面的內容，一是選擇可以授予或轉移出去的那一部分權力；二是選擇可以接受這些權力的人員。慎選授權對象是進行有效授權的基礎。

(2)獲得準確的回應。一個老闆發出指令之後，只有獲得其下屬對命令的準確回應，才能證實其授意是明確的，並已被下屬理解和接受。這種準確的回應，往往以下屬對領導授意進行必要覆述的形式表現出來。

(3)放手讓下屬行使權力。既然老闆已把權力授予或轉移給其下屬了，就不應過多地干預，更不能橫加指責。而應該放開心胸，讓下屬大膽地去行使這些權力。

(4)追蹤檢查。這是實現有效授權的重要環節。要透過必要的追蹤檢查，隨時掌握下屬行使職權的情況，並給予必要的指導，以避免或儘量減少工作中的某些失誤。

掌握以上授權的原則方法和程式，你的領導能力因此更進一步。應該說，一位企業領導要想使權力生效，必須要靠有效授權來完成，否則就是霸權。而霸權只能導致孤立，最終造成延緩企業發展的速度。

☑實行有效的授權

授權是做好企業管理的有效方法之一。然而這種授權必須是有效的，大部分實踐證明，要實行有效的授權，在授權中就要注意以下幾個問題。

(1)老闆應有明確的授權意識，並積極主動地授權。現實生活中，往往是一方面缺乏授權意識，另一方面也存在不相信下屬員工的現象。他們認為，既然自己是老闆，就證明自己完全有能力管理好一個企業。須知隨著企業的發展，作為一個領導者的精力和能力都是有限的，不適當授權給下屬，事事過問，其實容易造成反效果。

⑵要掌握方法。儘管有些企業的老闆們也實行了授權，但是，由於他們沒有正確掌握授權方法，沒有按照授權的基本程式去授權（或者未能選準授權對象，或是授意不明，或是忽視必要的追蹤檢查等）。因此，效果並不佳。可見，實行有效的授權，掌握正確的方法也是十分必要的。不掌握正確的方法，而要想取得好的效果，是絕對不可能的。

⑶要講求實效。授權只是提高管理效率的一種手段，而不是目的。因此企業老闆們在實行授權之後，還必須繼續加強對各項工作的全面管理，尤其要加強授權過程中的管理，努力提高授權的有效性，只有這樣，才能達到提高管理效率的目的。

放權既不能放任不管，也不能毫無效率，否則都不能算是懂得放權的領導者。無目的放權是最糟糕的授權，這一點有許多事實可以證明，應當引以為戒。

我們在這裡談權力分配與用人法則之間的關係，目的是使企業領導用權有效。反對專權，是因為某些企業領導霸權思想濃厚，專制慾望強烈，提倡授權，是因為企業領導不可能是事必躬親，萬事皆能，總要依靠下屬的工作能力來完成，同時避免企業領導者濫用權力給企業發展帶來的打擊。事實上，濫權是專權和霸權的不同表現形式而已，千萬不能成為企業領導追逐私欲的手段。

在許多有成效的公司和企業。「權力分配」與「權力制約」已經成為從董事長到員工共同關注的話題。對員工而言，沒有權力分配的企業只能是工作的牢籠，對領導者而言，沒有權力制約的企業只能是慾望的試驗場。一名能夠真正理解權力價值的企業領導，肯定會思考這些問題，慎防重犯權力通病，給企業帶來不可估量的損失。我們認為，這種企業領導應當戒除權欲的自我滿足，而應崇尚權益的企業實績。

四、給下屬一條出路，讓他發揮才能

「給下屬一條出路」，這是哈佛經典教材給高級管理者的一句箴言，因為下屬有了出路，就等於讓他發揮了才能。

無論在哪一家公司裡都有那麼一、二個管理者，他們的一切工作總是要由自己親自去做，好像不自己做就不放心似的。話雖然這樣說，但也不是完全不給部下分配工作，事實上只分配給部下單純性的作業，而不分配給判斷性的作業。

為什麼不讓部下進行判斷性的工作呢？對這一質問的回答大概是這樣的：假如把判斷性的作業分配給部下去做，出錯該怎麼辦呢？結果，還是必須由自己承擔這種錯誤，這樣一來不是更費事嗎？如果這樣，從一開始就由自己去做，不是更保險一些、工作效率也可以提高嗎？這種說法好像也有點道理，但站在最高負責人或部下的立場上，會怎樣看待他們呢？

「本來打算進一步提升他，可是他太不像話了。不可否認他對現任工作很熟練，可是他的工作方法有問題，好像自己不在場別人就無法工作似的，太驕傲自滿了！培養部下，尤其是培養能夠信任的部下是一件大事情。從長遠觀點來看，要提高效率就得培養部下，對於這一點他好像絲毫不懂似的。看來不能再讓他這樣下去了，一定要把他換下去，不然他的部下都將成為只會聽命而不會思考的人了！」

另一方面，部下怎麼想呢？

最初聽到了這樣小聲的議論：「大概經理認為我們都是無能之輩，只能從事一些簡單的工作吧！不過，經理可能也不懂或者不耐煩顧及我們？也可能他認為如果我們成為比他能力還強的人，他就會感到處境困難吧！」

也許有人認為部下沒有必要說這些話，可是能聽到這樣的議論還算好的，等到逐漸習慣了，部下就會相信經理不是那麼一種人，或者認為「聽任經理的吧！責任完全由經理來擔，這樣做工作我們也比較輕鬆。」如果到了這種程度，公司的工作就毫無朝氣了。這時，即使管理者認識到自己的過錯，也為時已晚。對於經理人來說，一方面完全失去了部下的信任，另一方面也會使得部下心情不舒暢。

一切工作完全由自己來做的經理，不論是最高負責人還是部下都是不受歡迎的。該讓部下做的工作就讓部下去做，這是經理本來應有的態度。儘管最終可能出現某些差錯，或許會多少引起一些工作效率的下降，但也要堅持這樣做下去。

其實，經理本身也是那樣鍛鍊過來的，為了提高工作能力就必須下決心做出犧牲，付出一定的代價使部下得到鍛鍊和提高。因為這樣做，不僅能夠提高自己在負責人和部下中的威信，而且還能按照計劃把部下培養出來，對於經理具有極大的意義。

這是一位企業經理，在管理方面任職很長一段時間講過的話：

「我認為管理者不能自己動手進行工作，當然，這裡所謂的管理者，不是考慮其職位高低，而指的是能直接領導部下的人。但是這裡則指的是沒有部下的管理者或者是只有管理職務的人。」

有人認為，根據公司的情況，科長以上都屬於管理職務，而股長或主任則不屬於管理職務。雖然具有這種奇怪想法的人也是有的，但這樣劃分的職務在國際上完全不能通用。

剛才說管理者自己不要從事直接工作，但這也不意味著僅僅是監督部下而已。所謂管理者應該是部下能做的事自己不去做，要專心去做部下不能做的事。管理者必須時刻意識到自己應該做些什麼工作。例如，部下擔任的工作遇到很大問題怎麼也解決不了時，管理者要有效地利用過去的經驗和能力，設法給他解決這個問題。或者，在洽談生意的最後階段，親自出馬圓滿結束洽談，就是典型例子。總之，在關鍵時刻必須親自動手。為此，就很好理解工作的關鍵所在，並在重大的事物面前認清時機很好地加以處理。

從旁觀者的角度來看，最可悲的管理者究竟是一些什麼人呢？

首先，是不大知道哪個部分是工作要害，或者是在什麼時候會發生這樣的問題。其次，是即使知道要害問題，也不知道最好的處理方法是什麼。儘管他們努力去工作，但抓不住問題重點也會偏離中心或導致失敗。

人力資源管理—菁英培訓版 （讀品讀者回函卡）

■ 謝謝您購買這本書，請詳細填寫本卡各欄後寄回，我們每月將抽選一百名回函讀者寄出精美禮物，並享有生日當月購書優惠！
想知道更多更即時的消息，請搜尋"永續圖書粉絲團"

■ 您也可以使用傳真或是掃描圖檔寄回公司信箱，謝謝。
傳真電話：（02）8647-3660　信箱：yungjiuh@ms45.hinet.net

◆ 姓名：＿＿＿＿＿＿＿＿　□男　□女　□單身　□已婚

◆ 生日：＿＿＿＿＿＿＿＿　□非會員　□已是會員

◆ **E-mail**：＿＿＿＿＿＿＿＿　電話：(　)＿＿＿＿

◆ 地址：＿＿＿＿＿＿＿＿＿＿＿＿

◆ 學歷：□高中以下　□專科或大學　□研究所以上　□其他＿＿＿＿

◆ 職業：□學生　□資訊　□製造　□行銷　□服務　□金融
□傳播　□公教　□軍警　□自由　□家管　□其他＿＿＿＿

◆ 閱讀嗜好：□兩性　□心理　□勵志　□傳記　□文學　□健康
□財經　□企管　□行銷　□休閒　□小說　□其他

◆ 您平均一年購書：□ 5本以下　□ 6～10本　□ 11～20本
□21～30本以下　□ 30本以上

◆ 購買此書的金額：＿＿＿＿＿＿

◆ 購自：□連鎖書店　□一般書局　□量販店　□超商　□書展
□郵購　□網路訂購　□其他

◆ 您購買此書的原因：□書名　□作者　□內容　□封面
□版面設計　□其他

◆ 建議改進：□內容　□封面　□版面設計　□其他＿＿＿＿

您的建議：

剪下後傳真、掃描或寄回至「22103新北市汐止區大同路三段194號9樓之1讀品文化收」

廣 告 回 信
基隆郵局登記證
基隆廣字第 55 號

2 2 1 - 0 3

新北市汐止區大同路三段 194 號 9 樓之 1

讀品文化事業有限公司 收

電話/(02)8647-3663　　傳真/(02)8647-3660

劃撥帳號/18669219　　永續圖書有限公司

請沿此虛線對折免貼郵票或以傳真、掃描方式寄回本公司，謝謝！

讀好書品嚐人生的美味

人力資源管理—菁英培訓版